我的第一本科学漫画书

科学实验王

升级版

KEXUE SHIYAN WANG

刺激与反应

CIJI YU FANYING

[韩] 小熊工作室/著
[韩] 弘钟贤/绘
徐月珠/译

通过实验培养创新思考能力

少年儿童的科学教育是关系到民族兴衰的大事。教育家陶行知早就谈道:“科学要从小教起。我们要造就一个科学的民族,必要在民族的嫩芽——儿童——上去加工培植。”但是现在的科学教育因受升学和考试压力的影响,始终无法摆脱以死记硬背为主的架构,我们也因此在培养有创新思考能力的科学人才方面,收效不是很理想。

在这样的现实环境下,强调实验的科学漫画《科学实验王》的出现,对老师、家长和学生而言,是件令人高兴的事。

现在的科学教育强调“做科学”,注重科学实验,而科学教育也必须贴近孩子们的生活,才能培养孩子们对科学的兴趣,发展他们与生俱来的探索未知世界的好奇心。《科学实验王》这套书正是符合了现代科学教育理念的。它不仅以孩子们喜闻乐见的漫画形式向他们传递了一般科学常识,更通过实验比赛和借此成长的主角间有趣的故事情节,让孩子们在快乐中接触平时看似艰深的科学领域,进而享受其中的乐趣,乐于用科学知识解释现象,解决问题。实验用到的器材多来自孩子们的日常生活,便于操作,例如水煮蛋、生鸡蛋、签字笔、绳子等;实验内容也涵盖了日常生活中经常应用的科学常识,为中学相关内容的学习打下基础。

回想我自己的少年儿童时代，跟现在是很不一样的。我到了初中二年级才接触到物理知识，初中三年级才上化学课。真羡慕现在的孩子们，这套“科学漫画书”使他们更早地接触到科学知识，体验到动手实验的乐趣。希望孩子们能在《科学实验王》的轻松阅读中爱上科学实验，培养创新思考能力。

北京四中 物理教研组组长 物理高级教师 厉璀琳

作者序

伟大发明大都来自科学实验！

所谓实验，是为了检验某种科学理论或假设而进行某种操作或进行某种活动，多指在特定条件下，通过某种操作使实验对象产生变化，观察现象，并分析其变化原因。许多科学家利用实验学习各种理论，或是将自己的假设加以证实。因此实验也常常衍生出伟大的发现和发明。

人们曾认为炼金术可以利用石头或铁等制作黄金。以发现“万有引力定律”闻名的艾萨克·牛顿（Isaac Newton）不仅是一位物理学家，也是一位炼金术士；而据说出现于“哈利·波特”系列中的尼可·勒梅（Nicholas Flamel），也是以历史上实际存在的炼金术士为原型。虽然炼金术最终还是宣告失败，但在此过程中经过无数挑战和失败所累积的知识，却进而催生了一门新的学问——化学。无论是想要验证、挑战还是推翻科学理论，都必须从实验着手。

主角范小宇是个虽然对读书和科学毫无兴趣，但在日常生活中却能不知不觉灵活运用科学理论的顽皮小学生。学校自从开设了实验社之后，便开始经历一连串的意外事件。对科学实验毫无所知的他能否克服重重困难，真正体会到科学实验的真谛，与实验社的其他成员一起，带领黎明小学实验社赢得全国大赛呢？请大家一起来体会动手做实验的乐趣吧！

目录

人物介绍

范小宇

所属单位：黎明小学实验社

观察内容：

· 在心怡陷入困境时伸出援手，深信自己是正义的化身——圆桌骑士。

· 因为与罗敏之间的误会，不小心惹火了心怡，以致无法专注于实验。

· 因为士元住院而无法如愿参加为期两天一夜的实验夏令营，于是对士元发脾气。

观察结果：察觉自己围绕在心怡身边的举动只会让心怡觉得自己就像噪音一般，因而感到沮丧。

江士元

所属单位：黎明小学实验社

观察内容：

· 住院期间，每时每刻都盯着比赛实况转播。

· 身体的复原速度有非常显著的提升。

· 主动打电话给心怡，并表达对实验社的关心。

观察结果：因为住院而暂别实验社这段时间，让他深深体会到实验社朋友们的重要性不亚于实验本身的道理。

罗心怡

所属单位：黎明小学实验社

观察内容：

· 因脑海中总是不断浮现摩托车声而没有听到小宇所说的话。

· 不由自主地对总在自己陷入困境时伸出援手的蒙面侠小宇大发雷霆。

· 因意外接到士元的电话而感到欣喜若狂。

观察结果：天生不善于察言观色，通过阿英才终于察觉有自己所不了解的事物。

何聪明

所属单位：黎明小学实验社

观察内容：

· 在忙着前去采访预赛对决之余，抓紧时间进行实验练习。

· 因为小宇一句“看起来好酷哟！”，而决定选择声音实验。

观察结果：小宇最要好的朋友，自从晋级决赛后，便开始对实验展现出不同于以往的热忱，并积极参与练习。

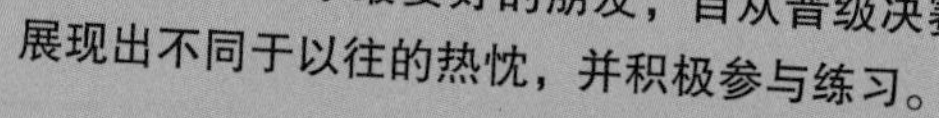

艾力克

所属单位：大星小学实验社

观察内容：

· 对柯有学老师劝罗敏和小宇和解的一席话表示反对。

· 虽然年纪很小，却具有相当惊人的机械工程方面的知识。

· 听到最后一场预赛的实验主题后，便回想起与柯有学老师之间的过往。

观察结果：尽管每场比赛都以卓越的实力带领队伍获胜，但总是在意柯有学老师对自己的看法。

太阳小学校长

所属单位：太阳小学

观察内容：

· 监视着黎明小学的一举一动，最终打出最后一张王牌。

· 不怀好意地偷偷闯入黎明小学的实验室。

观察结果：虽然明知自己所犯的错误可能会演变成莫大的灾难，却因为野心作祟而视若无睹。

其他登场人物

❶ 在敏感时刻给予心怡一个提示的阿英。

❷ 习惯在赛前利用魔术缓解压力的罗敏。

❸ 再度回想起与实验有关的痛苦记忆的柯有学老师。

❹ 为了小宇不惜赴汤蹈火的小倩。

第一部 蓝鲸的秘密

啾……
啾啾
所以你这是还没有定下心……
不！就如你所知，我喜欢的人是……
吃惊
心怡！
噗噗噗
噗
噗

你已经到啦？
等很久了吗？
阿英。
恭喜你！
握住
竟然晋级全国大赛的决赛！
这可是你梦寐以求的事情呢！
嗯，我也觉得这像像一场梦。

话又说回来，我们真的好久不见了呢！
特地跑来这里，一路上应该很辛苦吧？

一点儿都不辛苦，要不是现在，我还真不知道什么时候才有机会来到这里呢！

啊，我好羡慕你啊！
我们学校什么时候才能够站上这个舞台呢？

只要你继续待下去，明年一定可以办到的！
嗯，对！
转身
对了，收下吧！这是我特地为你准备的料理。
哇啊！
这便当真的是你亲手做的吗？
没有啦，你也太抬举我了吧！这当然是我拜托我老妈做的！

真的好好吃啊！
味道不错吧？这就是我放弃减肥的原因啊！
现在只剩两支队伍了吗？
太阳小学也晋级了决赛……
你看刚刚的比赛了吗？
我这才发现，
太阳小学还真有一套呢！
哼

今天太阳小学无论在诠释主题方面，还是在各项细节方面，都表现得很出色。
哼……

我觉得在决赛开始前，一定要想办法进一步加强实力才行。
阅读科学书籍200本，
练习 300 种实验，
这样应该绰绰有余了吧？

至少也要阅读 201 本书，练习 301 种实验，这样才算足够吧？
咦……
呆
你要记住，想要提升实力，就得付出比自己原定计划“再多一次”的努力才行。
我说小宇啊……

你认为我们做实验的理由，是为了累积的实力吗？
做实验的理由？

啊！

小……小宇？
是心怡！

老师，改天再给您答案。先告辞了！
行礼
好吧！
沙
沙
沙

天哪，他跑来这里做什么呢？他叫小宇吧？
嗯？

竟然还记得我范某人的名字，算你识相，金刚脚！
冒出
石化

心怡，午安！
吃惊
气炸
嗒嗒嗒
金……
金刚脚？

怒气冲冲
看来你很怀念金刚脚是吧？你想再见识一次吗？
抬

我看就不必了吧，我的后背依然留着你非常清晰的脚印呢！
掀开

噗！

咳咳！
咳咳！
连心怡都被你害得受到惊吓了！
你没事吧？
天哪！
不知所措

等……
等我一下！
距离遥远

咳咳！
咳咳！
哎呀，我竟然忘了带水。
给我 10 秒钟！
怎么办呢？
跑跑跑

心怡，这是我买回来的水，赶快喝一口！
不……
不要紧，等一下应该就……
好……
好快啊！
递

谢……谢谢你。
啊！
哈哈
我这是表演过头了吗？
抖抖抖
全身瘫软
你到底是跑了多远的路啊？
喘……
喘……
没事吧？
喘……
我好得很。

来，这是金刚脚的！
哦！
呼……
那……那我有事先走了。
记得要慢慢喝哟！
嗯……
嗒嗒嗒

那小子，远比想象中还要不错呢！
我现在才发现他其实挺可爱的！
啊？

不知所措
我……我跟你说，其实我们学校早已有一个喜欢小宇的同学。
如果连你也喜欢小宇的话……
关系就会变得非常复杂……

嗯？我还以为你喜欢上小宇了呢！
你在胡说什么啊？我可是一眼就看破了他的内心世界呢！

你是真的不知道吗？
不……不会吧！
呃……
他就是喜欢你啊！

什么？
呆……

你说我不知道什么？
你这个人未免也太……
闷……
太迟钝了一点儿吧！
我的意思是说……
我要直接说出来吗？
啊，有了！
蓝鲸！
蓝鲸？
嗯！你应该听过蓝鲸吧？
蓝鲸是目前为止，在地球上体形最大的动物。
成年蓝鲸身长约24~33米，体重约150~180吨，你说是不是很惊人？
× 约24头
听说它的眼球也非常巨大，就像一颗足球的大小哟！
你是指一边的眼球吗？

对！不过令人意外的是，眼球尺寸远远小于蓝鲸的
鸵鸟和老鹰，视力却反而更胜一筹。
啊……
这是我看到你之后突然想起来的。
怎么说？
我当然懂得眼睛大并不代表视力也好的道理……
但还是百思不解。
心怡，你现在有空带我去参观比赛会场吗？
嗯，好啊！
她怎么会突然跟我提这件事情呢？

那里就是比赛会场，绕到后面去就有实验练习室。
她是在暗示我没有看到什么东西吗？

2011
CONCERT
300
噗
嘀嘀
呼……
轻一点儿！
放
饮品

是你自己说要以工作两小时的代价，来抵刚刚拿的饮料钱，你可别想赖账呀！
不会啦！
我这辈子可是从未听过“赖账”这两个字的！

哈哈，不赖嘛！
记得把空箱子用绳子绑起来。
是，老板！

吱嘎
吃力

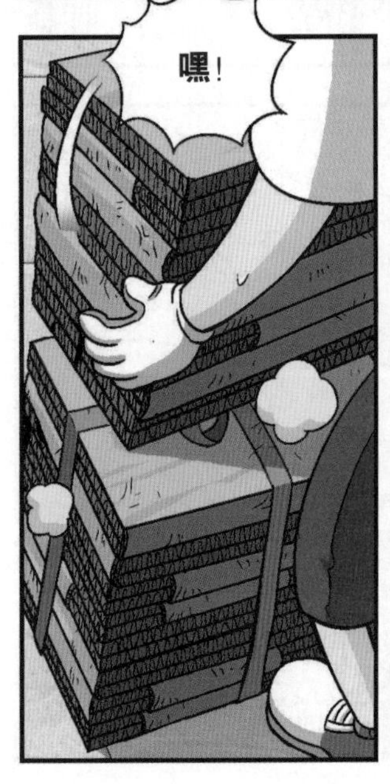
嘿！

所谓噪声……
可能会依人或状况而改变。

心怡。
哈……
哈……
请你看
我一眼。
哈……
我在
这儿。
不！心怡绝对不会
把我弄出的声音当
作噪声的。
紧
就像今天一样，
心怡有需要时，我要
当第一个伸出援手
的圆桌骑士。
啊，我好
口渴啊！
嚓！
!!
我相信心怡一定也是这么
认为的……公主，请笑纳！
啊，好舒畅呀！
哈哈
拉紧

当然，
这是一定的！
公布栏
今日赛程
上午10:00
育成小学
未来小学
下午2:00
樱花小学
大星小学
姑且不谈艾力克老师，
比赛就要开始了，罗敏这小子跑哪里去啦？
大吼！
应该是自己一个人在练习魔术吧，你又不是不了解他的习惯。
气冲冲……
总之，最好不要迟到！

上午的比赛还没有结束，你在紧张什么呢？
我没有紧张嘛！
缓步慢行

下午的课程……
嗯……
明明就有！
什么？

当当当……
在B
练习室，
下午两
点……
缓步前进
滚滚
滚滚
伸
停住。
踩
哎呀
呀呀呀呀！我的手！
我的妈呀！
吓一大跳

怎么办？对不起！
你没事吧？
嗯？那不是普通的硬币吗？有什么特别之处呢？
沙沙
肿胀……
哎呀，我的特殊硬币安然无恙就好，没事。
你认为呢？
看仔细一点儿，你会发现它有不同之处的。
点头
伸！
这个嘛……
看好哟！
把硬币从右手移到左手。
来，你猜硬币会在哪里呢？
点头
握紧
嚓！
左手……？

果真如此吗？
呼

一、
二、
伸直

锵
三！

啊？
硬币不见了！
哇

咦？我的硬币！
跑到哪儿去了呢？
你再找找看……
东找西找

哼嗯，慢着！我觉得你
那个笔记本怪怪的呢！
转头
我的笔
记本？

果然是藏
在这里。
天哪！
抽

哇，
好神奇啊！
你这是在表演
魔术吧？
这是我头一次
在这么近的距离
看魔术呢！
哇
行礼
谢谢！
我现在才知道表演
魔术时，果然需要
像这枚特殊硬币的
这样的魔术道具。
啊？
不完全如此。这枚硬币
之所以特殊，是因为它
是我开始接触魔术时所
使用的幸运之币。
砰
这只是极为普通
的硬币。
真的？
嗯，魔术是一种艺术，
除了搭配道具外，更
需要通过不断练习才
能够完美呈现。
沙沙
嚓
嚓
沙沙沙
嚓
嚓
嚓
嚓
实力来自
既灵巧又正确
的手法。

这么一来，
啪！
砰
才能骗得过人们的眼睛。
而这就是魔术。
砰
砰砰
咚
骗过眼睛？

更准确地讲，
嚓
嚓
应该说是骗过大脑吧。
你出现在这里，我猜你应该也是实验社的成员吧？
那你应该不会不知道眼睛如何“看到”物体的原理了！
嗯，人类的眼睛是……

来自物体的光，
透过角膜和晶状体
在视网膜上成像。
角膜
视网膜
晶状体
这时候，当由视网膜的感光细胞
所产生的信号，通过视神经传送
到大脑后方的枕叶时，
枕叶便会重新
组合物体的样貌，
进而判别物体。
枕叶
看来你十分了解。眼
睛就是如此经由数个
阶段，将视觉信息传
送至大脑。
视错觉现象？
不过，由于视觉信息
得经由大脑分析，因此
有可能与实际不符。
而这就是视
错觉现象！
中心圆的大小看
起来会不一样。
看似扭曲变形，但实际
上都是平行线。
嗯！
嚓
现在就由我
利用图示来
说明给你听，
你要看好哟！
点头

我先像这样画出一个十字图形后，再分别点上四个点。
你看到正方形了吗？
正方形？
啊,看到了！
正方形就在十字形的里面。
好，那这是什么呢？
嚓
嗯，它看起来尖尖的，是……
咚
啊，菱形！
呼呼
没错！这就是视错觉现象！

能使看不到的事物显现，或使看得到的事物遁形！
能使看不到的事物显现？
你在近处仔细看看这枚硬币。
我们的眼睛看了眼前的事物，
粘住
但其实模糊不清的或短暂的残像，
则由大脑自动完成解读。
嚓！
啊！原来硬币上贴有透明胶带。
他就是利用胶带将硬币粘在右手上的。
我看到右手反转时，认为硬币自然会落入左手，
但那是大脑的错觉！

硬币从头到尾
都留在右手上！
是大脑事先预测
会是如此的！
好，接下来我们
再来看看左手会
有什么，好吗？
呼呜呜……
哗啊啊啊……
啊啊！

实验1 膝跳反射实验

生物受到来自外界或内部的刺激时，会不知不觉地、无意识地做出某些动作来应对，这种反应称为“反射”。当我们闻到美食的香味时会分泌出口水，看到某物体迎面飞扑过来时，我们会不由自主地闭上眼睛或闪避。这些都属于反射。反射又分为后天习得的条件反射，以及与生俱来的非条件反射。现在我们就以简单的实验来探究非条件反射吧！

准备物品：橡胶锤、高脚凳、朋友

我是物品吗？

实验步骤：

❶ 一个人坐在高脚凳上，双脚不得着地。

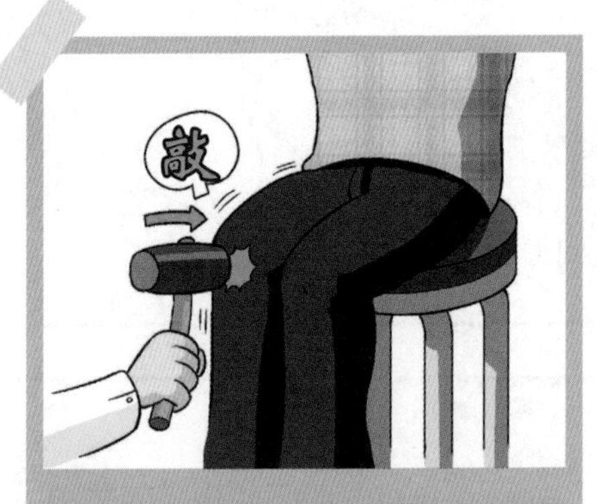

❷ 另一个人拿橡胶锤轻轻敲打就座者膝盖骨的下方。

❸ 当膝盖骨下方受到刺激时，就座者的腿便会做出反射动作。

这是什么原理呢？

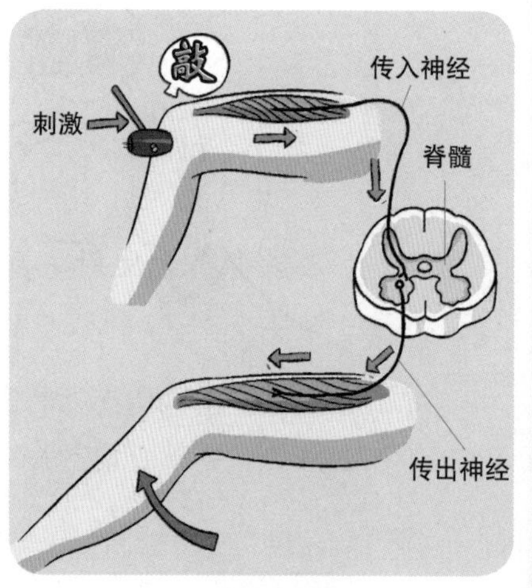

膝跳反射

用橡胶锤敲打的那一瞬间，受到刺激的腿做出弹起的反应，不受自己的意志的控制，属于非条件反射。这是因为当膝盖骨下方韧带受到的刺激传送到脊髓时产生神经冲动，然后再由传出神经传出，导致肌肉收缩，腿弹起。

这类非条件反射是在大脑下达命令前，肌肉接受神经系统的脊髓或延髓发出的命令，做出的无意识反应。这样才可以缩短反应的时间，让生物有效逃离或避开危险。

实验2 手掌心的洞

我们平常接受的信息90%来自眼睛。倘若没有了眼睛，无论是事物的大小、形态，还是颜色与亮度，我们皆无从得知。假如我们只有一只眼睛，那么会有什么样的结果呢？一只眼睛是否也能够正常发挥眼睛的功能呢？关于这个问题，我们可以通过一个很简单的实验来寻找答案。

准备物品：A4 纸、胶带

实验步骤：

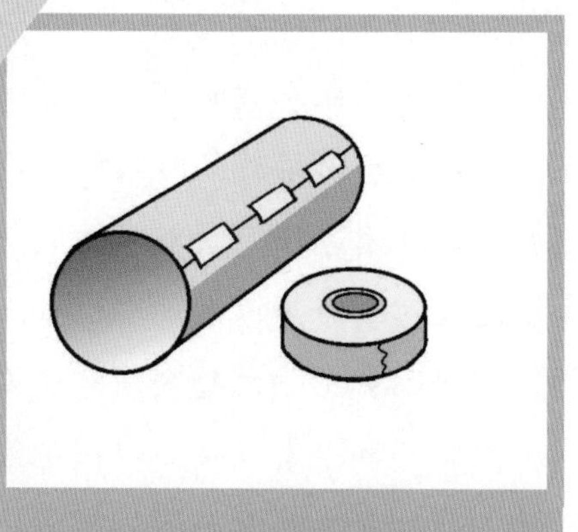

❶ 先将 A4 纸卷成圆筒状，并以胶带固定。

❷ 用右手拿起圆筒放在右眼前。此时需闭上左眼。

❸ 将左手掌的侧面贴着圆筒中段的部位，手掌心朝向脸部。

❹ 将原来闭着的左眼睁开，两眼一起注视远方。

❺ 左手掌心看起来仿佛被钻了一个洞。

这是什么原理呢？

手掌心之所以看起来仿佛被钻了一个洞，是因为右眼和左眼获取的信息在大脑里相互重叠了。人类的双眼之间一般隔着4~6厘米的距离，所以就算观看同一事物，还是会有光线、角度的差异。当我们在观看事物时，双眼看到的事物有叠加的部分，而角度又不完全相同，大脑通过对两个影像的处理感知距离和空间。通常我们是用双眼观看同一事物的，所以不会影响大脑判断；当左右眼所看到的东西是截然不同的影像时，眼睛和大脑仍和平常一样，习惯把左右眼分别看到的影像重叠成一种。在这项实验中，纸筒将左眼和右眼的视线隔开了，右眼看到的圆筒内的洞，与左眼看到的手掌心的影像相互重叠，所以手掌心看起来仿佛被钻了一个洞。

第二部 我才不是噪声！

过了今天，晋级决赛的队伍就会全部出炉了。
呼呼
比赛会场
也就是说，我就可以知道我的敌手是谁了！
你们等着吧！我范某人称霸科学界的日子，就要倒计时了……
嗯？
嘟嘟嘟嘟
哇，是心呀！
在这么广阔的比赛会场，竟然能够巧遇两次！
这可真是冥冥之中注定好的缘分啊！
哈啊啊啊

嗯……
顿住
他们这是在做什么呢？
火冒三丈
这小子，到底想要对心怡耍什么把戏？
想看毛毛虫吗？
抖抖
小宇的眼神

嗒嗒嗒嗒嗒嗒
你今天死定了！
给我走开！
呼！

啊！
撞飞
哎呀！
扑通
怎……
怎么办？

心怡，你不要紧吧？有没有受伤？
小宇，你这是在做什么？
起身
喂，臭小子！你干吗无缘无故跑来撞人？
转身
别装蒜！我明明看到你在欺负心怡！
啊？你说什么？
转身
喂！我欺负你了吗？
没……没有！
小宇，事情不是这样的……
你以为我的眼睛瞎了吗？
我可是很清楚地看到了心怡受到惊吓的表情！
还有，你甚至拿一堆垃圾撒在她的身上！
啊……
石化
啊？垃圾？
一脸无奈

你闹够了没有，气死人了！
你还想耍赖，臭小子！
不要！
看来你是打死了不承认了，我要让你吃不完兜着走……
既然你想跟我来硬的，我就只好公开我的原貌！
不知所措
我得想办法阻止他们才行！
咕咕咕
你死定了！无敌公牛铁锤功！
受死吧！鸽子刺刺拳！
啪！
给我住手！
嗒嗒嗒嗒
哗

啪！
咚

偷笑
这下你不昏倒也难……

咚

心怡！
抓
啊！

抓

哎呀呀呀，
我的眼睛！
嗯？
你……你看不见了吗？
抖抖抖
谁叫你
不闪开呢……
没……
没事吧？
小宇，
发生了什么事？
嗒嗒嗒
柯有学老师！
他把我的眼睛给……

还有，心怡也……

你的额头
有没有受伤？
让我看看……
晃来晃去
戴上

不用了！
转头
顿住

小宇，是你误会了！
他从头到尾并没有对我怎么样。

你的举动
让我太失望了！
啊……

小宇的误会导致了小争执。
点头
对不起，老师。
原来如此。
心怡……她生气了吗？
我看应该是小宇没有把事情看清楚。既然只是一场误会，你们两位何不在此和解呢？
哈哈……
对不起，我替他向你道歉。
你又没怎样……
她始终没有看我一眼。
咚……
哼……
哼……

哈哈哈
好啊！
君子不跟小人斗，
就由我先！
这样还
差不多。
我接受你的道歉！
石化！
啊？

你有没有搞错啊！
该先道歉的人是你
才对吧？
哼！
这是什么道理？
竟然做贼的先喊
抓贼，你真是不
要脸！
看到没有？
我的眼睛！

我这鼻子呢？
你的眼睛本来
就长那副模样，
但我的鼻子就
不一样了。

同学们，老师
建议你们同时
向对方道歉好
不好？
当我数到三
时……
龙争虎斗……

你的鼻子也没
怎么样啊？猪
八戒的鼻子本
来就是长这副
模样嘛，这还
能怪谁呢？

好吧……
既然没有做错事情，
又何必道歉呢？
道歉必须是
出自内心，绝不能
受到外人的影响。
盲目道歉的习惯，
可是大错特错！
我说的没有错吧，
柯有学老师？
……

罗敏，别在这里浪费
时间了，比赛就要开始了。
啊，嗯！
转身
老师，
我去一下休息室。
好，
去吧！
心怡……
呜呜呜……
呜呜呜。。。。。。
艾力克老师，
你好酷哟！
……

樱花小学对大星小学的预赛第三轮比赛，即将开始。
哔哔
哔哔

小宇！

呼……
你这样不要紧吗？
我看你的眼睛还是很红……

我是何许人！
当手指头飞过来的时候，
我靠着闭上钢铁般的眼皮，
咔嚓
呼呼
呼呼
保护了我的眼球！

也对，我就是佩服你这种本能。
过奖，过奖。
嚓

这可是任何
一个健康的人
都具有的反应。
任何人？
压
压

我们人体具有受到
刺激时产生反应的
神经系统。
其分为中枢神经系统和
周围神经系统两部分，
将所受到的刺激传送到大脑，
并接收大脑的指令使身体
做出反应。
大脑
脊髓
中枢神经系统
周围神经系统
神经系统的组成

比方
说……

嚓

拔
啊，好痛！

当拔除头发借此刺激头皮时，
为了保护疼痛部位，人会无意识地把手抬起。
拔
哎呀！！
再者，

接近
呃呃……
逼近

像这样刺激眼皮时，为了保护眼球，眼皮会赶紧闭上，这一切都是神经系统所扮演的角色。

痒
眨眼

哇，
是真的！
我真的是
不由自主地闭上
眼睛了！
太神奇了！
哦哦
没错！刚刚我也是
还来不及想，眼睛
就很自然地闭合了！
这种无意识的反应其实很常见。
从物体飞向
脸部时闭上眼睛
的动作开始，
砰
感受到威胁
时，采取
蹲低姿势；
砰！
救命！
惊吓
呜呜呜
天气寒冷时，
抖动身体以
维持体温；
全身颤抖
好烫！
手触碰到滚烫的物
品时，赶紧把手给
抽回来……
哎呀
这一类的
反应……
接下来有请
大星小学进场。
哇
哇
哇啊

都与自己本身的意志无关，而
是任何一个人与生俱来的……
哇……
哇啊
缓步前进
基于保护
自身安全的本能。
哇
嘎
大会宣布，本届
预赛最后一场比赛，
樱花小学和大星小学
的实验对决正式开始。

这场比赛的主题是——
紧张
“能量的命运”。

好，比赛主题
已经揭晓了。
能量的
命运……
呃！
今天比赛现场也
同样挤满了观众，
几乎座无虚席。

……
叩叩叩
江士元，今天觉得如何呢？
啊，医生。

得知激素检验结果了吧？我来看一下。
是。

呼吸很正常。

脉搏也没有
问题。

反应检查
也正常！
敲

照目前的情况来看，
应该可以用饮食疗法
来替代药物治疗了。
虽然略有一点儿起
伏，不过跟上次比
起来，病情已经好
很多了。
是……
好看吗？
啊……！

不好意思，因为
是一场很重要的比赛。
没关系。

我倒是感到
松了一口气。

您是指?

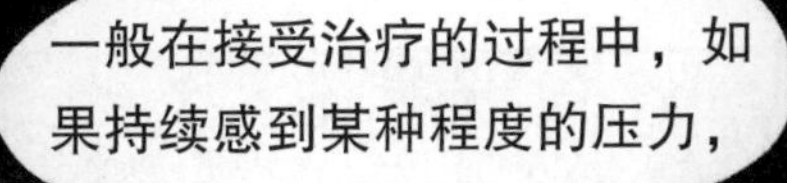
一般在接受治疗的过程中，如
果持续感到某种程度的压力，
就可能会变得呼吸困难，食欲不
振。严重者，可能因此而引发消
化不良，甚至是呕吐等症状。

脱发
晕眩
头痛
腹痛

所以，如果
能保持心情愉快，
就有助于提高免疫力和
注意力，同时康复速度
也会随之加快。
今天状况
不错啊！
嚓

这一切都是受到随着情绪分泌的激素影响，所产生的现象。
激素不就是……
人体的内分泌腺与分泌的激素种类
脑腺垂体
生长激素
肾上腺
肾上腺素
甲状腺
甲状腺素
胰脏
胰岛素
睾丸
男性 男性雄激素
体内的特殊组织和腺体制造后，通过血液输送到全身，
用来调解生长、消化和吸收等生理机能的物质吗？
不愧是科学精英，懂得还真不少啊！
不过激素
会受到情绪的影响吗？
！！
那倒也不尽然。但依情况不同，也可能会产生很大的影响。

依照检验结果来看，关注赛事或许对你有正面的帮助。
所以身为医生，我当然不可能反对你这么做啦！
他一定喜欢那个女孩子。
朋……！
朋友们……能够带给我快乐……？
触摸……
哈哈……

改变世界的科学家——托马斯·阿尔瓦·爱迪生

托马斯·阿尔瓦·爱迪生

（Thomas Alva Edison，1847—1931）

美国发明家，世界上发明物品最多的人，他的发明物有白炽灯泡、留声机、摄影机等。

美国的科学家托马斯·阿尔瓦·爱迪生留下了包括留声机、电影放映机、镍铁碱性蓄电池在内的许许多多发明。其中，他在1877年发明的世界第一台留声机，先将声波变换成金属针的振动，然后将一张锡箔卷在刻有螺旋槽纹的金属圆筒上，让针的一头轻擦着锡箔转动，另一头和受话机连接，便可以重新发出录入的声音。

1879年，他开始专注于灯泡的研究工作，最终成功制成可持续发光40小时以上的灯泡；而6个月之后，更成功制成可持续发光1200小时以上的真空碳丝白炽灯泡。为了让灯泡得以广为应用，爱迪生随后又发明了插座、开关、保险丝、配电方法等，打造出充电与发电乃至配电的系统。

除此之外，爱迪生拥有的专利超过1500件，包括了投票计数器、油印机、碳感应电话机、地下电缆、摄影机、电灯、烤吐司机、卷发器、携带式留声机、矿工用电灯、果汁机等。

爱迪生的发明并不都是原创的，有很多是将已有的技术加以改良，开发成可应用于商业的产品。由此可见，爱迪生不仅是一位发明家，更是一位促使相关产业发展的实业家。

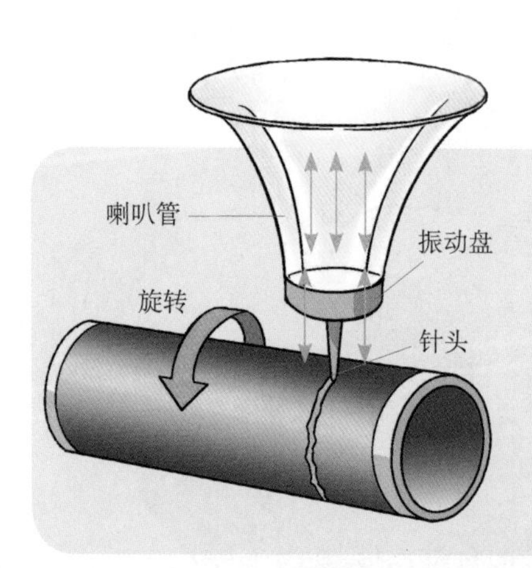

留声机的原理

1. 声音汇聚在喇叭管后，通过传送使振动盘振动，进而带动紧连振动盘的针头。
2. 当紧贴于针头且涂有一层石蜡的圆筒转动时，随着针头的振动刻成凹痕。
3. 使用时，振动盘会随凹痕产生振荡，还重现录制的声音。

博士的实验室1

视力保健

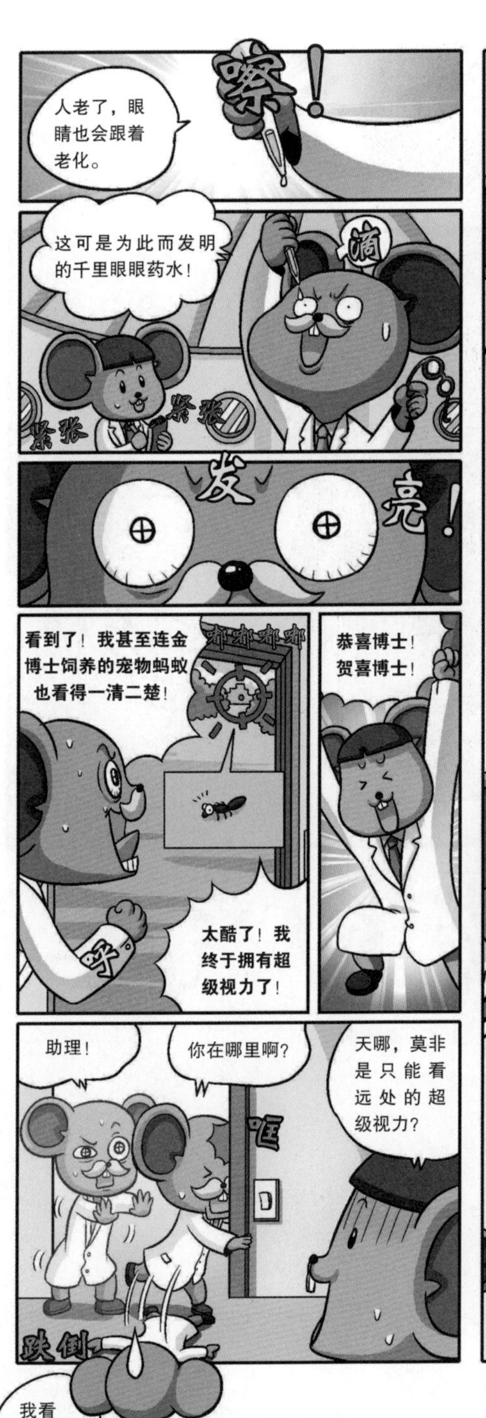

视力一旦衰退就无法复原，所以保护视力是非常重要的。

阅读时，眼睛与读物的理想距离维持30厘米左右较为适宜；使用电脑时，应定时远眺放松眼睛，让眼睛得以充分休息。

假如发现视力变得模糊或容易感到疲劳时，应立即前往眼科就诊。

否则视力恶化的情况会更加严重。

切记，眼镜的作用仅止于矫正视力，并无法让你的视力复原。

第三部

永不停歇的汽车！

能量的命运……
哗哗
哗哗
能量可以转移，可以“做功”。
包括物体和人类的运动、植物进行光合作用，或者燃烧等，都跟能量的变化有关。
明亮
哐哐哐
唰唰
没错！能量依其形态可以分为电能、声能和热能等不同形成，
并且依能量来源还可以分为水能、风能和化石能等。

不过所谓的命运，
不是无法以人类的力量加以控制的超自然力量吗？这和能量有什么关系呢？
生存还是毁灭！
哈姆·雷特
当然有关系！如同命运所安排的坠入爱河的风能哥和水能妹……
叮
事实上是一对亲兄妹！
我的水能！妹妹
你觉得很好笑吗？
呜呜
风能哥哥！
唰唰唰

嗯……
哼……
你们认为“能量的既定结局”如何呢？
能量的……

既定结局？

现今人类所使用的能量，其中 80% 以上来自化石。
生物的遗体埋入地下
长期高温高压下变为煤或石油等
因为很多燃料的成因与古生物化石有关，煤、石油和天然气是三种主要的、也最常见的化石燃料。
没错，化石燃料不仅使用方便，也很容易燃烧而放出能量，
所以被广泛用作汽车和冷暖气设备的燃料，甚至用于火力发电厂用来发电。
对，自从工业革命之后，化石燃料的使用量便持续增长。
点头
但不幸的是，化石燃料的数量是有限的。
那……那能量终究会避免不了……！
枯竭的命运？
绝望！
甩甩甩

再者，燃烧化石燃料时，会产生多种污染空气的物质，
产生大量的温室气体，进而在地球各地引发不同的气候异常现象。
气候异常
全球气候变暖
沙漠化
破坏臭氧层
因此需要使用可以人替代化石燃料的新能源！
咝
没有耗尽的忧虑……
更不会破坏环境的……
崭新的能量！
我有绝佳的实验。

是我小时候从某个人那里学来的实验……
较量什么？
今天我在赛马场和黑天使较量过。
我开着我的电动汽车和黑天使赛跑。
咝咝……
咝咝咝……

黑天使不就是你的赛马吗？

微笑
嗯，电动汽车和马的比赛！这可是我梦寐以求的心愿。

老师你说过，比速度更为重要的是能量的效率。
所以在持续赛跑的过程中，我以为黑天使必定会虚脱，
而最后会由不会疲累的电动汽车获胜……
噗
噗
我猜应该是黑天使赢了吧？
你怎么会知道？
使用于电动汽车的电能，虽然具有不会造成空气污染这一项优点，
但同时也具有电池经过一定时间后便会耗尽的缺点。
嗒嗒嗒
嗒嗒嗒
呜呜
电力
瓦斯
汽油
假如使用汽油或瓦斯燃料，必定会行驶更远的距离吧？
没错！
就是这个原因，我打算打造一辆以汽油或瓦斯为燃料的汽车。
尽管最后也会因为燃料耗尽而停驶，但总比电动车来得……
点头
如果是核能，结果又会不一样了。

核能？是不是像核裂变或核聚变，在核反应堆中所释放的能量？
根据爱因斯坦的质能互换（$E=MC^2$），核反应进行时，便会放出非常巨大的能量！
E=MC²
但基于它是很危险的能源，所以通常使用在核能发电厂和核武器、核医学等特定领域。这样的东西怎么能作为汽车的能量？
没错，我想到一个好主意了！
请你帮我研发一种可以作为我的汽车能源的核能燃料！
我来研发一种媲美人类感觉的感应器。把这两者结合在一起的话……
打造一辆顶级的汽车就不会是梦想了！
拿起
老师认为……

总有一天，艾力克你一定能够亲自研发出一种可使用于汽车的核能燃料。
这样不是更酷吗？
嗯？
在那之前，我来告诉你另外一种替代能源！
一种在短期内不必担心耗尽的能源！
当然有！是一种促使地球诞生的最初的能量呢！
真有这种东西？
那可是以 1500 万摄氏度的高温对氢进行核聚变后，释放出惊人能量的能源！
是一种以氢气和氦气制得的气体块儿！
咔嚓
那……那是……
疑惑

太阳?
哗……
正是!
太阳是地球绝大部分能量的源头。
诸如煤、石油、天然气等化石燃料，严格来讲都是受到太阳影响而生成的能量。
嗒嗒嗒
嗒嗒嗒
而且，我们也可以把阳光直接作为能源来使用。
比如现在比较常见的将阳光的光能转化为热能，
太阳能板
暖炉
热交换器
或者也可以利用太阳能电池，将光能转化为电能来使用。
转换器
太阳能电池
家电用品
那在汽车上安装太阳能电池，就能够把光能转换成动能了?
没错!

所以原理是当太阳能电池吸收阳光时，将通过具有不同性质的两个半导体（N 型、P 型）之间的电位差所产生的电流，
由变压器转换成固定的电压与电流来使用！
N 型半导体
电流
P 型半导体
太阳能电池
变压器
锵
嗡嗡嗡嗡
再加上安装了你亲自研制的声音感应器和颜色辨别感应器，这可是一辆崭新的汽车。
没错！这将会是一辆拥有视觉和听觉，并且永远不会熄火的汽车了。
嚓
那我就来试乘了？
在我成功研发出高安全性的核燃料前，一切就拜托你了！
哈
哈
哈

这辆车应该
可以跑很久吧？
当然！
只要太阳
没有下山……
好，
现在要出发啰！
拍
咔嗒
嗡嗡嗡嗡嗡
嗡嗡嗡嗡嗡

嗡
嗡
嗡
嗡
……
哇！
车子听到拍手的
声音就开始动了！
哗哗
它真的是
只靠阳光行驶
的吗？
啊！这下子会不
会掉下去呢？
嗡嗡嗡嗡……
拍
拍
嗡嗡嗡嗡

没错，以声音来控制动作，是接近人类感官的原理。

太阳是通过核聚变将氢变为氦，借以释放出光和热。
但这氢一旦耗尽的话，太阳就会迅速膨胀，进而变成红巨星。如此一来，太阳便会吞噬水星和金星，最后也终将吞噬地球。
金星
地球
水星
接着因为温度急速下降，进而成为一颗缩小成原有半径百分之一的白矮星。
到了最后，会变成一颗黑矮星并且生命结束。而这就是包含太阳在内的星球们的命运。
全身颤抖
这未免也太可怕了吧？到底是什么时候呢？
嗯……
大该是五十亿年后吧。
叮
什么？
哈哈哈哈
老师也真是的！到时候因为技术发达，不仅地球会安然无恙，同时也会开发出很多新的能源，这有什么好担心的呢？
……
不……不是吗？

能够这样当然最好。
但要是没有进步，地球的未来也就没有希望了……
没有希望？
他们展现了与“能量的命运”有关的实验。
并且更进一步展示了惊人的功能。
是的，甚至结合了辨识声音的感应器，真是令人赞叹。
啊……
具有辨识声音功能的麦克风将信号传送至中央处理器（CPU），
进而带动马达的过程，像极了耳朵将所接收到的信息传送至大脑，进而使人体做出相应动作的原理。
如果要把这个原理呈现在机械工程领域，可是需要相当程度的电子工程技术呢！
麦克风
CPU
中央处理器
马达
写……
嗒嗒嗒嗒

有点儿可惜啊，
要是时间充裕的话，
应该可以制造出更完
美的汽车才对。
艾力克老师
最棒了！
现在也很
充裕，不是吗？
起身
结果还没有
揭晓……
缓步前进
呼……
接下来公布
比赛结果。

由大星小学
晋级决赛。
啊
啊啊
奇怪了……
练习室D
会场
后门
13 00
太阳小学
……
……
怎么会独独漏掉了
那一样东西呢？
我明明确认
过呀……
我看，先去办公室
问一下好了。
转身
我去其他
练习室找
一下好了。
咔嚓
13 00
拜托你了。
嗒嗒

练习室 C
17 00
大星小学
缓步
前进
来看一下……

下午 2 点，预约练习室 B！
实验内容是，
碘化铅实验！
1 解剖试验
2 燃点试验
练习室 B 黎明小学 (14:00)
碘化铅实验
声音实验
镁燃烧实验
练习室 B
14 00
黎明小学
嚓
咚

现在……
哐
练习室B
14 00
黎明小学
咔嚓
就来开始进行
第一阶段的破坏
计划吧！
碘化钾
呼呼呼
碘化钾
哗啦啦
哗啦啦

呼呼呼呼……
咔咔作响
这里也没有。
哼
练习室C
12 30
停住
练习室B
14 00
黎明小学
左看看
右看看
咔嚓
练习室B
14 00
黎明小学
校长?
嗒嗒
练习室B
14 00
黎明小学
这里是黎明小学的
练习室啊……

哗啦啦啦
我太过分了……
哗啦啦
叹气……
小宇……
他只是好意罢了……

好，我决定了！
嚓

我得先向小宇
道歉才行!
跨步
跨步
跨步
练习室B
小学
小宇他一定会
谅解我的。
嚓
咔嚓
这么做
就对了……
啊
啊啊啊
吓我一跳!
咔咔作响
手忙脚乱

什么嘛！
你难道都不懂
敲门的礼貌吗？
你差点儿
把我给
吓死了！
紧张
紧张
紧张
这是我们的
练习室啊！
我问你，
你在这里做什么？
心虚
唉！这……
这简直是在
浪费时间嘛！
我们的试剂到底
跑哪儿去了呢？
嗒嗒嗒嗒
好像还有一间
练习室没有去找过
呢，我看去那里找
一找好了。
……
……
嗒嗒嗒

咔嚓
东看看
西看看
奇怪！
有一种不祥的预感！
嚓……

眼镜的原理

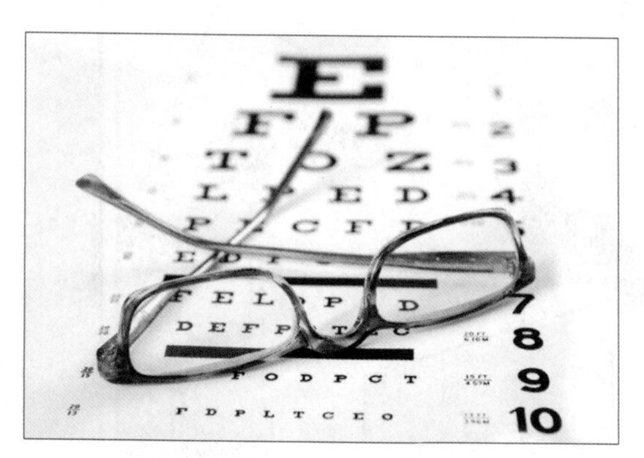
为了矫正视力而佩戴眼镜

视力不佳时所佩戴的眼镜发明于13世纪后期，并且持续发展至今。眼睛之所以能够看清楚远处和近处的物体，是因为晶状体会依据物体的远近而调整，让物像可以准确地落在视网膜上。然而，晶状体的调节功能失调，物像无法正确地落在视网膜上时，就会引起近视、远视或散光等视力衰退症状。眼镜就是配合每个人的眼睛状况来矫正视力的。

近视视力矫正

近视的症状是看近距离的景物时清晰，但看远处的景物时则模糊不清。其原因可能是眼轴（球）过长，也可能是晶状体、角膜的曲率过大（厚），以致物体成像在视网膜前方。我们长时间以过近的距离注视书本或电视、电脑、游戏机等时，就很容易近视。近视可以使用凹透镜加以矫正。

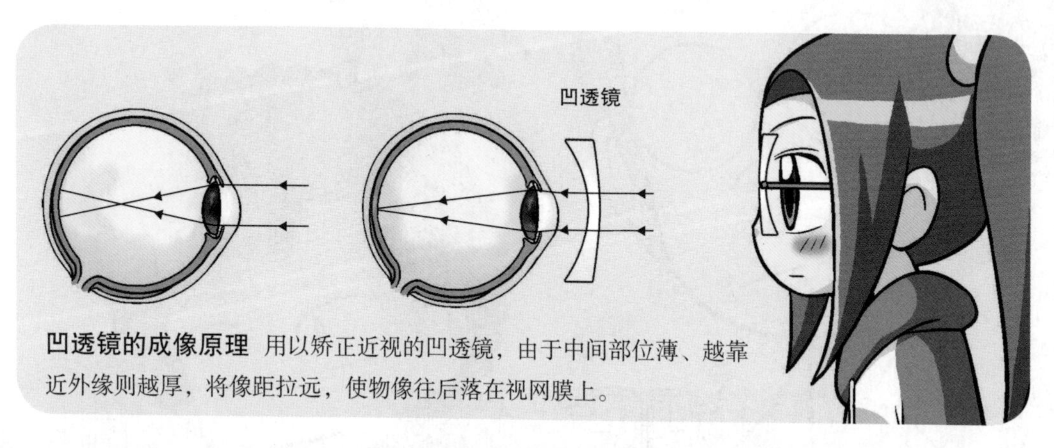

凹透镜的成像原理 用以矫正近视的凹透镜，由于中间部位薄、越靠近外缘则越厚，将像距拉远，使物像往后落在视网膜上。

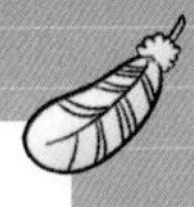

远视视力矫正

远视指的是看远处物体时清晰，但看近距离物体时则模糊不清的视力状态。其原因大多数是先天性眼轴（球）过短，晶状体或角膜的曲率过小（扁平），以致物体成像在视网膜后方。远视可使用凸透镜加以矫正。

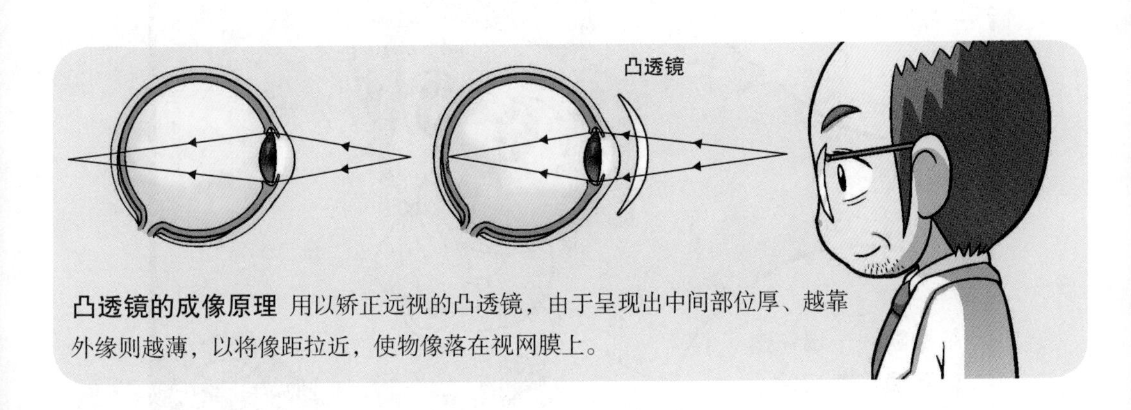

凸透镜的成像原理 用以矫正远视的凸透镜，由于呈现出中间部位厚、越靠外缘则越薄，以将像距拉近，使物像落在视网膜上。

散光视力矫正

散光是指看物体模糊不清或影像重叠的视力状态。主要是角膜或晶状体经线的曲率不同，导致折射异常，所看到的影像有重影或歪斜。散光患者常常会为了对准模糊不清或多重的焦点而导致眼睛疲劳、头痛或眼睛充血等症状。散光使用特殊镜片加以矫正。

第四部

噪声的原貌

练习室B
14 00
黎明小学
……
小宇这小子，
居然又迟到了。
该不会是忘记了吧？
会不会干脆不来了呢？
吃惊
你说……小宇不会来？
起身
该不会是
因为我吧？
聪明，你
确定他不会
来吗？
？
这个嘛……

给我五分钟就好！五分钟！
嗒
嗒
嗒
好像要去查什么事情吧！
刚刚最后一场比赛结束后，他就匆匆忙忙地跑去办公室了。
哈哈
为什么不早一点儿去呢？
他似乎是忘了有练习这一回事了！
点头
好，这样也好。
老师，我去找他好了。
起身
啊！
聪明，等一下。
嗯？
我去找他好了！

抽出
决赛晋级队伍
黎明小学
太阳小学
未来小学
大星小学
您说试剂不在里面，是吗？
对，申请书上明明写的是……
再过几小时就会知道答案了，你又何必这么着急呢？
就是嘛！
奇怪。
坐立不安
出来吧！
你就再等一下吧，已经传过来了。
快点儿，快点儿。

特别科学课程
出来了！
嚓

是我们先到的，
所以这是我们的。
呼
特别科学课程

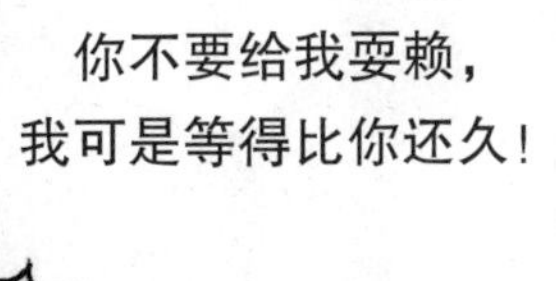

你不要给我耍赖，
我可是等得比你还久！
怒
你忘了我们学校是
第一个晋级决赛的吗？
再说，我现在
可是忙得很！
哼……

举起
有本事你就
过来抢啊！

你这简直是在
欺负矮的人嘛！
气
气
气
啊！
嘿！

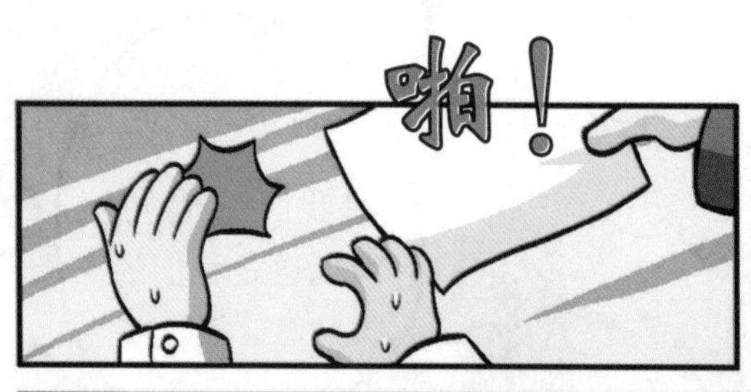
啪！

飘动
住手！

来！这样就公平了吧？
放
不要你争我夺，大家一起看！

你玩够了没有？
你等着瞧！

啊，真的好精彩哟！
魔法科学教室？
科学搜索队！
自制科幻电影！
两天一夜科学夏令营？
就是这一个！
特别科学课程
魔法科学教室
科学搜索队
咚！

转身
我要报名这一项！
两天一夜科学夏令营！
这可是我梦寐以求的！
自我陶醉
啊喔喔
寻找隐藏在丛林里的宝藏！
哇
黄金哟，真的要送给我吗？
最重要的是……
跟猛兽展开一场生死战斗！
海浪滔滔我不怕，
掌起舵儿往前划，
露营区并不在海边好吗？
唰
唰
报名表在这里……
报名表

你说你是黎明小学的学生，是吧？
是！
就座
由于这个夏令营是户外活动，规定非常严格，所以要先接受安全教育训练。
点头
点头
点头
没有问题，因为我的外号就叫“安全王”！
按照规则，你所属的实验社四位成员都要参加，你们讨论过吗？
点头
点头
点头
是！是！我可以代表我们学校的实验社做出决定。
四个人……全部？
顿住

等等，不是吧？
据我所知，江士元不是已经住院了吗？

我可以一个人当两个人用，没有问题。三个人应该也可以吧？
这个嘛……

呜呜呜
按照规定是
行不通的。
闷……
许大弘说的没错，少了
江士元，黎明小学就什
么事情都做不了。
轮到我们了，你给我闪一边去好吗？
我们也要报名参加夏令营呢！
推
怒火中烧！
怎么会
这样……
等等……
这一
切……
没错！
都是
江士元的错！

成事不足，
败事有余！
跨步
跨步跨步

隔三岔五跑来阻挠我和心怡的进展也就算了，这回还破坏我的梦想！
恼羞成怒

我绝对不会原谅你的，江士元！
轰隆隆
嘟嘟

小宇！

突变
啊！
心怡！
你怎么会在这里呢？
刚刚我看到的不是一只猩猩吗……
惊悚……

啊，我是来找你的。我怕你忘了下午的实验练习……
砰
原来她没有生我的气啊？果然是天使下凡！
真……
真的？
也有话想跟你说……
感动

刚才是我……
丁零
啊，
等一下，
我接一下
电话……
嗯，
你接。
虽然破坏了重要时刻，不过没有关系。
啊！
丁零零零
江……江士元！
喂？你好。
士元！
僵住
握拳！
啊？
你那里出了什么事吗？
怎么会突然打给我呢？
没事。
竖耳
贴近……

你那里
没事吧？
嗯……
没事……
发飙
你想得太美了吧？当然有事！你想知道是什么事吗？
因为你一个人连累到我们实验社全体成员无法参加两天一夜的夏令营了，你知道吗？
这可是连一个人都不能缺席的夏令营啊！你现在打这一通电话来，就代表你闲着没事做，是吧？你应该可以过来了吧？
……
大吼大叫
你这个没良心……
啪

心怡?
小宇，你怎么
可以……
心怡，
怎么啦?
我只是……
只顾虑我们的立场呢?
士元现在可是病人！因为无
法同行而感到伤心难过的，
应该是士元才对吧?
更何况士元现在
是独自一人……
小宇，你真坏！
哐

我真坏……？
我只是……
转身
心……心怡！
缓步前进
为什么……？
滴……
缺货
滴……
滴

啊……！
我……
我借用你的。
唰唰唰唰……
跟上一次……
一样……
对于心怡而言……
过去我所做的
努力……
啜泣
唰唰唰唰
全部都是噪声罢了！
啜泣
现在我脸上流的，
是雨水还是泪水呢？

就如刚刚所讲的，
今天总共要进行三种实验！
每个人选择自己
想要做的实验，
……
……
实验主题则以各自
得出的实验结果为
基础，等到最后阶
段再来决定。
老师的意思是，
实验主题要等到
最后才要公布
吗？
不是，
而是靠你们自己
去找出来。
尽管每个人的想法
会有所不同，不过或
许也可以结合为一
个主题啊！

现在开始，各自选择自己想要的主题吧！
三种实验分别是碘化铅反应实验、镁燃烧反应实验，
及看得见的声音实验。
声声……呜，噪音！
痛处
我既然是试剂专家，
所以就选择碘化铅实验好了！
我厌恶噪声了！
好……好吧！
拿起！
硝酸铅
碘化钾

那我呢……
啊，不能让心怡感受到噪声才可以！

我觉得你做声音实验的时候，看起来最帅！
靠近
啊，真的？那当然是选择声音实验了！

那我来做镁燃烧反应实验好了。

那么，
沙沙
现在就开始进行实验吧！

今天的实验就由你们自主进行好了。
过程中如果有问题的话，老师会协助的。

首先，在 6 个试管内各加入碘化钾溶液 6 毫升。
碘化钾

扭开……
这个嘛，小事一桩。
碘化钾

啪！！
哎呀！
惊吓！
碘化钾

气球弹开了。
我来帮你扶着好了。

把气球的口部剪下来之后，套在塑料管上面。
对。
拉开……

接着用胶带固定住，以避免气球从塑料管上脱离。

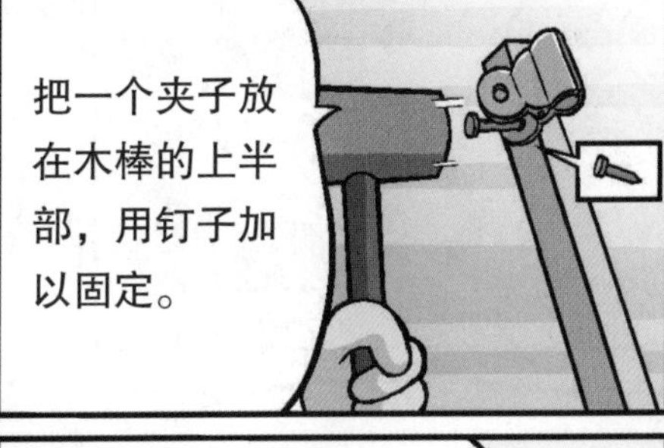
把一个夹子放在木棒的上半部，用钉子加以固定。

接着把黏着剂涂抹在木棒的下半部，
挤……

把它粘在塑料管上，并静待至完全干透为止。
压住

在等待之余，我们来简单复习一下关于声音的常识好吗？
首先，大家还记得与声音有关的常用的单位有哪些吗？
……
常用的是与声音的高低有关，用以表示频率的赫兹（Hz），和用以表示音量大小的分贝（dB）吧？
点头
是！

分贝不是用来计量声音时使用的吗？
喃喃自语
碘化钾
嘀
嘀
哗哗
哗
轰轰轰轰轰
咚
轻声细语
大吼
没错，一般来说，分贝越大，噪声就越严重。
分贝的大小和声波的振幅之间是有关联的。而且，声音的高度……
啊！
振幅是波形中，最高点与最低点间垂直距离的一半。
而频率则是声波在单位时间内振荡的次数！
振幅
振幅
频率
所以……
声波的振幅越大，
音量就会越大……
振幅
点头
声波的频率越大，
发出的声音越高！
频率
频率

按住
在气球中央贴
上亚克力镜面，
那这是一项……
开启激光笔！
压
发光
咔咔
撑开夹子，
使激光笔
固定后，
可以了解声音的
强度和频率高低
的实验！

调整角度，
使激光照射
在亚克力镜
面上！
锵
实验准备完毕！

为了进行正确的观察，
我们暂时关灯好了。

啪……

先让激光朝向黑板之后，
像这样……
咝咝
缓步前进

啊

晃动
晃动

啊，当聪明发出声音时，激光斑就晃动了！

没错，这是因为聪明的声音波振动了气球的关系。
这时候，激光会从和气球一并振动的镜面上反射出去，进而使激光斑呈现声音的振动。
啊
晃动
晃动

那这次我来发出
更大的声音。
啊！
啊！
哇！
光斑的晃动
程度比刚才
还要大！
啊
啊
啊
啊
啊
啊
啊
啊
啊
啊
啊
啊
啊
啊
啊
啊
晃动
晃动
晃动
闷……
这……这就是
噪声的原貌？

你已经看到光斑
的晃动程度随着
声音的大小而改
变的差别了吧？
那现在……

发出低音好吗？
光斑晃动的速度
变得不一样了！
啊啊啊啊
唰
唰
这次换成高音。
唰
唰
唰
啊啊啊啊啊
相较于低音，
发出高音时光斑晃
动得更加快速呢！
一二三四
如果低音是这
种感受的话，
一二三四
高音会是这
种感受吗？

我一直以为声音只能用来听的，没想到竟然也能看到，这真是太神奇了。
哇
是吧？
过动后遗症
啪嗒
啪嗒
啪嗒

就连人类的耳朵无法听到的声音，也能够用眼睛来观看呢！
啪
一闪
啊，好刺眼！

……
您说也有人类的耳朵无法听到的声音吗？

当然有！在那之前，我们先来探究一下耳朵聆听声音的过程好吗？
嗯……
首先，由耳郭收集的声音传至耳道内部时，
声音会经过长度约2.5 厘米的外耳道，
使鼓膜产生振动，
耳郭
外耳道
鼓膜
耳蜗
这时候，鼓膜便会通过中耳腔内的三小听骨，将振动传送至耳蜗。
而充满液体的耳蜗内部，分布着成千上万的毛细胞。
啊……
很类似！

这些毛细胞通过耳蜗内液体的波动，让听毛来回摆动，
……！
转换成电位信号。
感觉器官接收外部的刺激之后，
转换成电位信号！
眼睛也是这样经过数个步骤之后，
将正确的视觉信息传送至大脑。
这样，被转换的信号……
就像眼睛那样！
就会传送到大脑了？
正是！这时候，音调的高低，也就是频率在人类大脑的处理上是有极限的，
所以才会有人类无法听到的声音。
其中最具代表性的例子就是，
心怡的表情变得很严肃。
紧张……
就像有时会产生错觉的大脑那样！
我得赶紧转换话题……

心电感应！

虽然没有说出口，对方却感知到了信息，就是心电感应！
我诅咒你秃头！
听不到
怒气冲冲
嘟嘟嘟

哈哈，没错。虽然至今仍无法实际侦测，但是很多人经历过类似的事情。
不过，也有一种人类无法实际听到，但仪器可侦测到的声音，
这是诅咒吧！
一样好不好？
哈哈……
就像长颈鹿那样。
咚咚
长颈……
鹿？

人类听力频率的范围是 20 到 20000 赫兹。
其中，频率低于 20 赫兹的声音，称为“次声波”；而频率高于 20000 赫兹的声音，称为“超声波”。

次声波
超声波
20Hz
20,000Hz

超声波吗？
原来那也是声音的一种啊？那不是在医院检查身体时经常听到的名词吗？
没错。
超声波除了用来检查身体外，蝙蝠和海豚可通过发射超声波来辨识同伴，甚至障碍物和猎物。
另外，长颈鹿、大象和蓝鲸可通过发射次声波，来跟位于远距离的同伴进行沟通。以大象为例，它们甚至能够在 4 千米之外的距离进行沟通。
那即便长颈鹿再怎么大声喊叫，人类照样听不到了？
点头
就算听也听不到，看也看不到……

还好我选择了
声音实验。
联想到的主题
实在太多了。
要记得提交
报告啊！
点头

哼哼，那我也来
进行实验吧？
嗯
哼

好啊，大哥我会
特别关注的。
沙沙

小宇，你要做的是
碘化铅反应实验，
对吧？这项实验的
重点在于正确的测
量试剂哟！
您忘了我的外号叫作
“正确王”吗？

偷瞄
滴

看来心怡这次真的是气坏了呢！
啜泣……

心怡，你的实验尤其要特别注意哟！
记得要佩戴护目镜哦！
是，老师。

转身

哐啊啊啊啊
滴滴
挤压
夏令营，再见。

滴
你……
你刚刚说什么？

我也是刚刚去办公室看过详细的
实验内容之后才得知的。
竟然要同时
进行三种实验！

同……
同时？
天哪……

我这才了解校长您当初为什么会那么担心。
我没料到黎明小学这么早就在做演练。
实验内容是什么？
呜呜呜
咦？
你聋了吗？
我在问你那三种实验究竟是什么？
惊吓
啊，看得见的声音实验
以及碘化铅反应实验，还有……
镁燃烧反应实验。
吃惊

咚
燃……
燃烧反应？
嗒嗒嗒嗒
转身
这下真的大事
不妙了！
嗒嗒嗒
校……校长，
我还没有
说完……
要立即阻止才行！
那试剂可是……

校长！
顿住

不……

熊熊烈火……
骰子已经
掷出去了！
呜呜呜……
天底下不允许有两个
太阳！只能允许一个
继续发光发亮！
一闪
消失的那个
就是我们太
阳小学！

声音视觉化的实验

实验报告	
实验主题	用肉眼直接观察通过空气传播的声波，并由此了解波的形态如何随着声音的变化改变。
准备物品	❶ 气球 ❷ 塑料管 ❸ 速干胶 ❹ 剪刀 ❺ 亚克力板 ❻ 激光笔 ❼ 绝缘胶带 ❽ 夹子 ❾ 铁丝 ❿ 一次性筷子 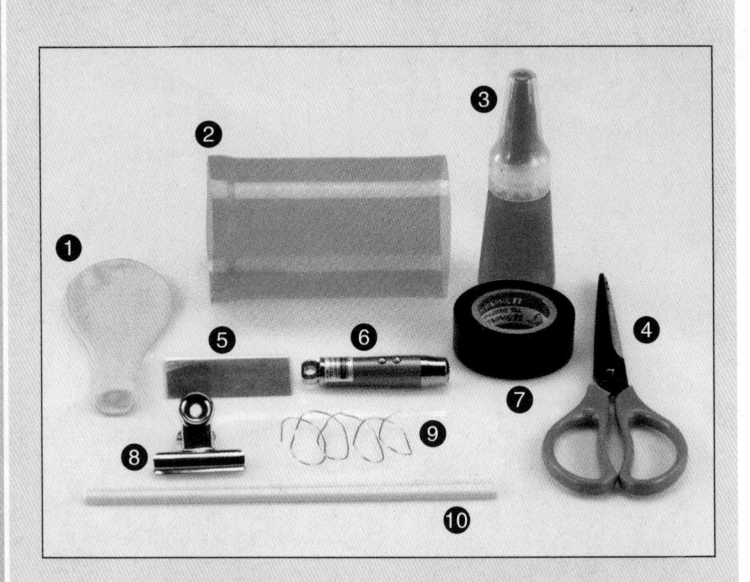
实验预期	❶ 当气球受到声音的影响而发生振动时，可通过光来观察。 ❷ 光移动的形状会随着声音的音量大小和频率高低而改变。
注意事项	❶ 请勿使用激光笔直接照射眼睛。 ❷ 套气球时，尽可能使其绷紧，以便能灵敏地观察到气球的振动。

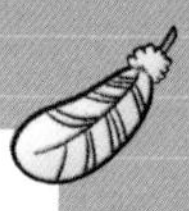

实验方法

❶ 先将气球的吹气口剪掉，套在塑料管的一端后，再用绝缘胶带固定。

❷ 用铁丝将夹子固定在一次性筷子上。

❸ 用速干胶将一次性筷子粘在塑料管上。此时，应使固定夹子的部位朝上并且朝内。

❹ 用速干胶将亚克力板粘在套在塑料管上的气球的中心部位。

❺ 将激光笔插在夹子上，并调整激光笔的角度，使激光照射方向朝向亚克力板。并用橡皮筋捆住激光笔的开关。

❻ 关灯，并使激光笔的反射光照射在墙壁上，接着将嘴巴对准塑料管的开口端，分别发出大、小、高、低等声音，观察光的变化。

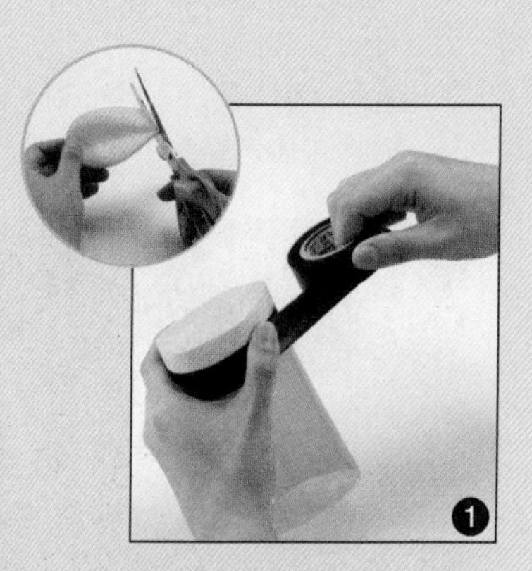

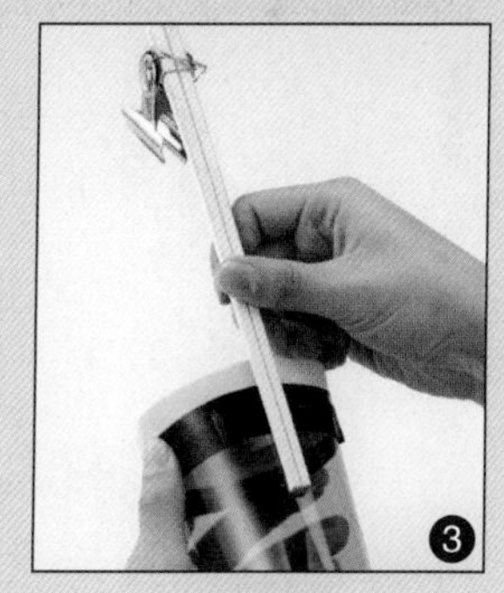

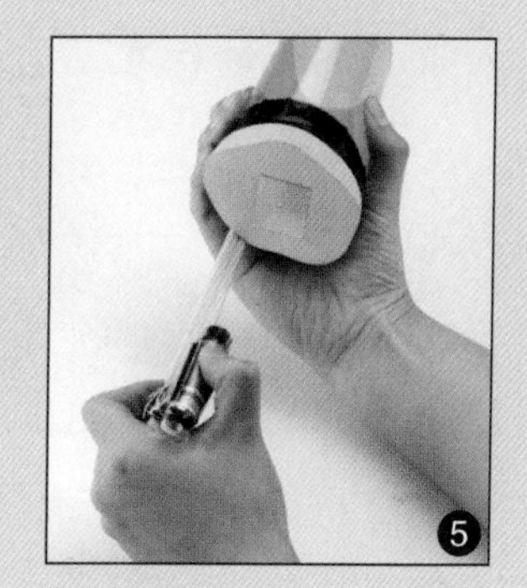

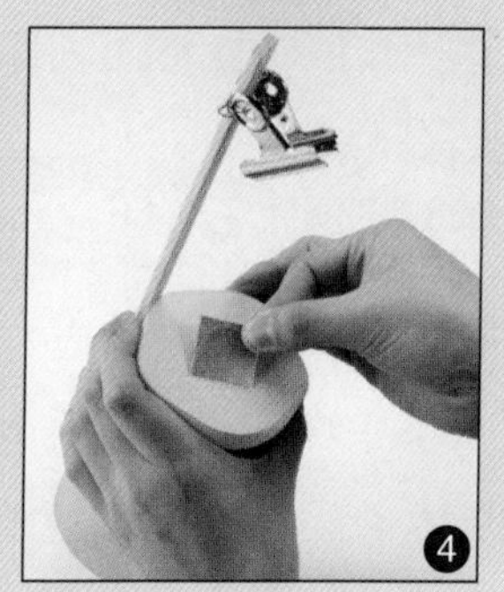

实验结果

光移动的形状随着音量与音调的变化而改变。

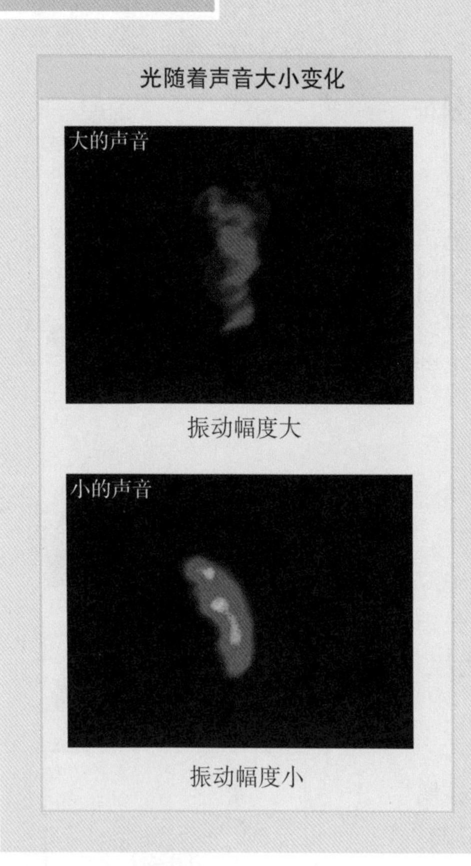

振动幅度大

振动幅度小

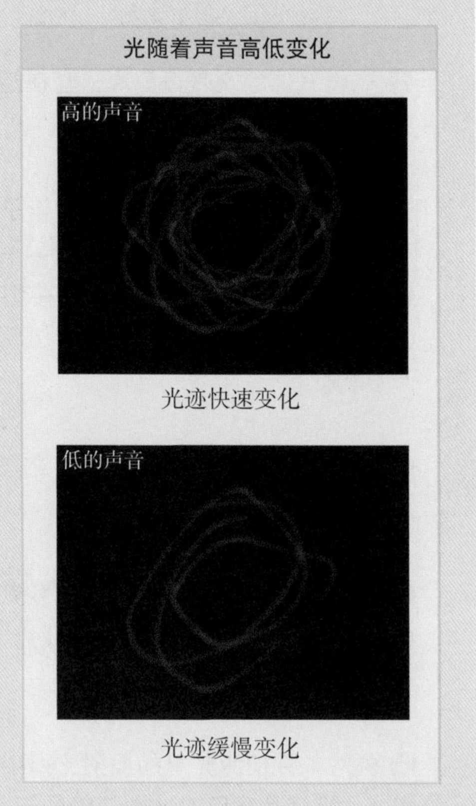

光迹快速变化

光迹缓慢变化

这是什么原理呢?

当我们对着塑料管发出声音时，气球便会开始振动。此时，粘在气球表面的亚克力板也会随之振动，并通过振动将射到亚克力板将激光反射到墙上。我们便能够用肉眼来确认声音的存在。这是因为声音进行传播时，产生了波动。

声音的“大小”和“高低”，分别与“振幅”和“频率”有着密切的关系。整体而言，振幅越大，音量则越大；频率越高，音调则越高。

人类的耳朵也具有如气球一般的结构，这就是鼓膜，它可以接收声音并且振动。当外界的声波经过外耳道传到鼓膜，使鼓膜产生振动后，振动信号通过听小骨传至内耳，刺激耳蜗内的听觉感受器，产生神经脉冲，经听觉神经传至大脑。

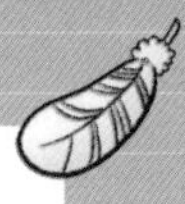

博士的实验室2

听力保健

博士，您刚刚踩到狗屎了。

你好吵呀！

您听到了吗？

惊吓！

耳朵是非常重要的感觉器官之一。为了维护听力，我们得尽量减少制造噪声才行。

否则，位于耳蜗内用以将声音刺激传送至大脑的内耳细胞，会逐渐失去它的功能。

耳蜗内的内耳细胞

为此，应尽量避免同时使用发出较大噪声的机器，看电视或收听音响时，应将音量调小，并尽可能缩短使用时间。

经常挖耳朵更是一种不好的习惯，因为有可能会破坏鼓膜！

不同于视力，我们很难自己发觉听力衰退。因此，若是长时间暴露在噪声较大的环境中，应该定期接受听力检查。

第五部

小宇，你醒一醒啊！

碘化钾

嗯……
是这一把吗？
指
这是方便携带的产品，
它有四种功能。
不过不是
那一把。

那这一把呢？
沙沙
它有七种功能，而且比
前面那一把贵上两倍，
但也不是。

那该不会是——
闪亮
闪亮
没错，就是那一把。
功能多达 21 种！天下无敌的万能瑞士刀！
锵
从两年前开始，那个头发尖尖的家伙每天早晚都来报到，还说总有一天一定会来买的，就是这一把。
不过价格不便宜哟，况且也不是小学生必备的工具。
我猜就算买回去了，也可能用不到 21 种功能的一半吧？不过他倒是蛮执着的。
找到了！
老板，我要这一把。
哈啊

你要买这一把？
你有没有看清楚
它的价格啊？
这可是比你第一次看过的足足贵上20倍啊！
老板，你放心，
我身上可是有
获胜奖金的！
嚓！！
光是这些钱
就足够了！
瑞士刀专卖店
谢谢啦！
缓步前进

太好了……
小宇一定会很
开心的！
真会如此吗？

指！
队长！
你没有来练习，
我还以为出事了呢！
结果竟然
跑来这里
做出带给小宇
负担的事情！
啊？负担？
为什么……？
当然啊！
一个男生把一个女生
当作最好的朋友，
结果另一个被他当作
普通朋友的女生把他
当作最好的朋友。
这个男生想要的是一个
非常昂贵的东西，
结果不是自己认为的
最好的朋友送的，
而是自己当作普通
朋友的女生送的。
所以当然是
一种负担啊！
连我都被搞
糊涂了呢！
马上拿去
退货。
我竟然没有考虑
到这一点……
闷……
怎么办？

……
压住
小宇，
你真坏！
叩叩
是你害大家
无法成行的，
你懂吗？
咔嚓
士元同学，
量血压的时间到了！

好希望饮食疗法
可以见效啊！
是。
唰唰
啊，那个！
嘀
……
我记得你刚来医院时，
也是带在身上呢！
看来你似乎很喜欢
莫比乌斯环啊！
是的，因为莫比乌
斯环带了给我某种思考。
无论从环上的哪一个点出发，
只要沿着环面移动，就能够到
达起点的反面，但再持续移动
的话，却会回到原本的起点。
在它的世界里，
根本无法区分所谓的内外。

不过只要退一步
去思索，就能够
破解它的谜团了。
它不过是只有一个
无限循环的曲面的
结构了。

你的意思是说，
再怎么难解的问题，
只要退一步去思索，就可
能意外发现单纯的道理？
啪

是的，因为即便
是很简单的事实，
一旦陷于其中，
就往往无法领悟。
嗯。

很好！
一切都很正常！
咔咔作响

在离开前，
我也来……
沙沙

告诉你一个关于莫比乌斯环的秘密好了！
咔
咔
？
首先制作两个莫比乌斯环，并使两者往反方向扭转。
接着把两个环以互相垂直的方式黏合在一起。
之后把中间线剪开的话……
沙沙
就像这样！
哗

锵！
连在一起的心形环完成！
偷笑
很神奇吧？
即便用剪刀来剪，还是会连在一起……
即便剪开……也会连在一起？
不过是一个单面的纸张罢了，
但通过曲面，却能够成为一个更美丽的形状。

我觉得这个世界上有很多像莫比乌斯环一样，因为奥妙而让人感到更愉快、更有趣的事情呢！
不是吗？
啊……
我……
想见一下主任医师！
起身
嗯？

扑通
咔咔作响
第 5 支试管也加入
碘化钾 6 毫升……
偷瞄
……
最后一支
试管也是，
叹气
6 毫升……
沙沙

喂，
范小宇。
现在总该
认了吧？
当啷
啊……？
你还在装蒜。
你这简直就是在
自欺欺人嘛！
你以为时间真
的可以让心怡
改变心意吗？
你就认了吧！
现在已经
于事无补了。
颤抖
颤抖
颤抖
颤抖
不……不！
心怡
她……
你这个臭碘化钾，
你懂什么啊？
啜泣
你是跟谁讲话呢？
嗯？

注[1]：这里是摩尔浓度，又称体积摩尔浓度，是一种常用的浓度单位，指1升的溶液中含有溶质的摩尔数。摩尔则是一种计量物质的量的单位，数值约是 6.02×10^{23}。

我说你啊，虽然从来没有正常过，但今天显得格外严肃哟！
有吗？
唰

听你这么一说，
飘动
飘动
今天的实验的确有点儿怪怪的……
飘动

这碘化钾竟然会对我讲……讲话。
没错！
滴管也长得很丑。
还有，为什么一定要 6 毫升呢？
膨胀
膨胀
味道也怪怪的……
滴管为什么要做成这种形状呢？

呃！心怡好像也要开始做实验了！
吃惊
心怡？

转身
啊啊，那我也要去。
摇晃

为了观察镁带和氧气燃烧
前后的重量变化，
摇晃
摇晃
缓步前进
先测量了集气瓶和
镁带的重量。
114.42g
那现在，
我们就通过燃烧镁带来
制造氧化镁吧！
好的。
嚓
嗞嗞
啊！

呃呃……？
火光在动？

越来越逼近
我了！
呆
范小宇，
你今天是怎么了？
呃！
匈
由于镁带燃烧时产生
的光非常强烈、明亮，
呃！
摇晃……
摇晃
摇晃……
嗞嗞
所以没有佩戴护目镜的你
们两位，先退后一点儿再
来观察吧！

头晕……
喂，
你去哪里啊？
嗯？
哗
啊
哗
啊
啊
啊
咔嗒
我不断地在
倒退……
恍
惚
心怡却离我……
越来越近！
摇晃
摇晃
奇怪……
摇晃

怎么会这样？
啊……
啪
！！
摇晃
嗞嗞嗞……
着火

哎呀！
!!
转身
哎呀！
啊！
咕噜噜
咕噜
啪！
小宇！
着……
着火了！
咕噜……

盖！
不可以动！
镇定一点儿！
压住……
镇定，
千万不要动！
颤抖
哎呀呀……
颤抖
哗！
哎呀……
烧……烧
呼

小宇……
火……
熄灭了。
掀开
小宇！
心怡，
你没事吧……？
你不要
紧吧？
嗯嗯。
转身
小宇使用的是
碘化钾试剂，它怎么
会着火了呢？

照常理来说，
它是不会燃烧的
才对啊……
碘化钾
嚓
范小宇！
小宇！
闻！！

这……
这……
这不是
碘化钾……
哐
该不会
是……
乙醚？
碘化钾
乙醚怎么会
在这里？
老师！

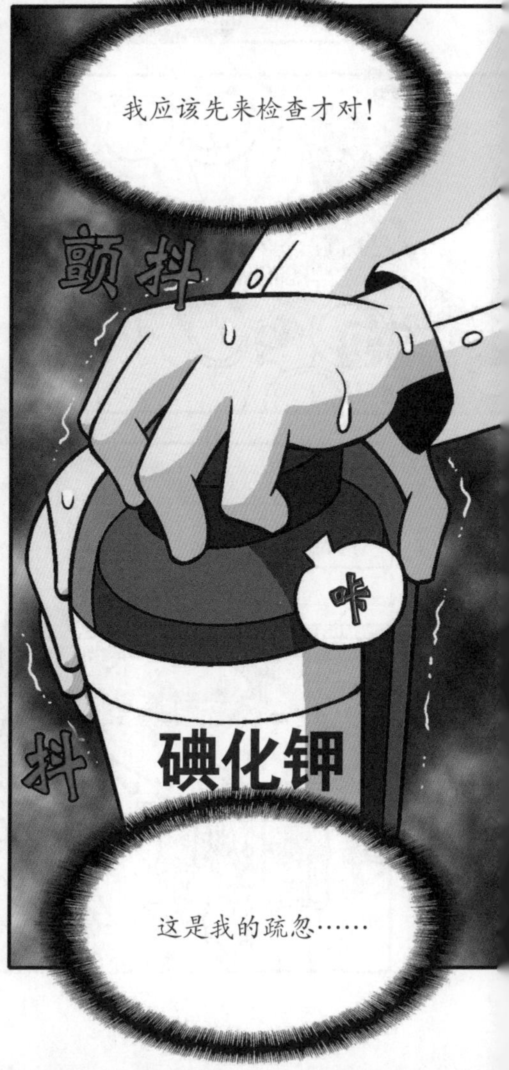
我应该先来检查才对！
颤抖
咔
抖
碘化钾
这是我的疏忽……

掀开
通……通风！
哐
先来通风！
我竟然会如此大意！
咔咔作响
都是我的错！
我……
又犯了同样的错误！
老师！
老师！
噗噜噜
唰啊啊啊
唰啊啊啊……

柯有学老师！
小宇他……
唰啊啊啊
怎么了……？
小宇他……
失去意识了！
哐

不……
不要！
小宇！

起身
我们得马上
赶去医院！
大家快一点儿！

嗒嗒
嗒嗒

嗒
嗒嗒嗒嗒
咔
终于！
嗒嗒嗒

你别担心。
我想到一个不会让小宇感到有负担的绝妙方法了。
有了这一份礼物……
他一定会在实验大赛中获得冠军的。

实验……
不同于理论，它会随着预料之外的情况而产生各式各样的结果。
所以我很喜欢实验。
如果可能的话，
我想办理出院手续，然后回到实验社。
呼……
呼……
呼……
小宇！

制作简易照相机

实验报告	
实验主题	利用凸透镜制作简易照相机，借此了解我们眼睛的结构和成像的过程。
准备物品	❶ 四开黑色瓦楞纸 ❷ 培养皿 ❸ 蜡烛 ❹ 胶水 ❺ 美工刀 ❻ 剪刀 ❼ 火柴 ❽ 黑色绝缘胶带 ❾ 凸透镜 ❿ 30 厘米的长尺 ⓫ 水槽 ⓬ 描图纸 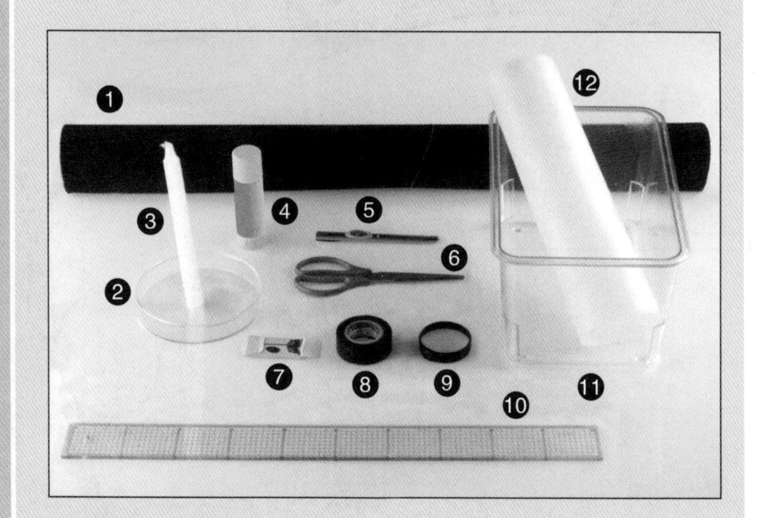
实验预期	通过简易照相机，能够进一步了解眼睛看事物的原理。
注意事项	❶ 绘制图时，请正确画出展开图的大小。 ❷ 粘贴描图纸时，应尽量拉平。 ❸ 制作照相机的主体时，应使用黑色绝缘胶带包覆，以避免光线外泄。 ❹ 将蜡烛直立于培养皿时，应先在器皿内滴几滴熔化的蜡液，使蜡烛完全固定。

实验方法1

❶ 将A、B展开图的图案绘制在瓦楞纸上，经剪裁后，将凸透镜和描图纸粘贴在指定处，再按图示进行主体组装。涂抹胶水处约1厘米宽。

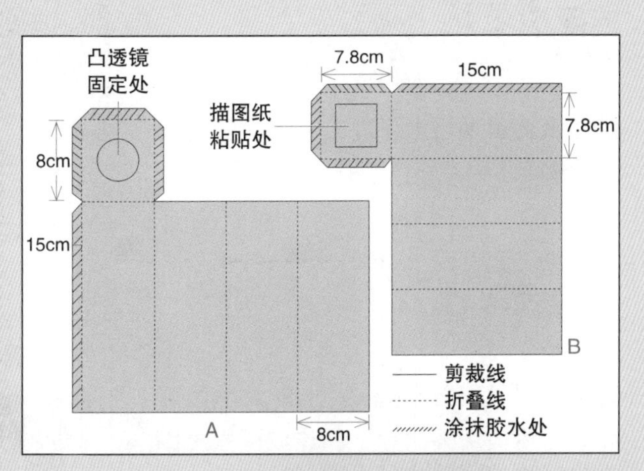

❷ 将B箱插入A箱内。此时，贴有描图纸的面应朝外。

❸ 点燃固定在培养皿上的蜡烛，并使简易照相机固定在水槽上，再使凸透镜朝向烛光方向。

❹ 调整简易照相机的主体长度，使烛火清楚地成像在描图纸上。

❶

❷

❹

❸

实验结果1

描图纸上呈现出上下左右方向颠倒的烛火倒影。

实验方法2

❶ 在两张瓦楞纸上分别绘制大小圆形后，再用美工刀割除，制作成两张光圈卡片。

❷ 使用美工刀在简易照相机外箱的前端切割一个沟槽，以便插入光圈卡片。

❸ 将蜡烛放在离简易照相机约 25 厘米处，调整主体长度，以使成像清晰可见，接着将大孔的光圈卡片插入沟槽内，并观察成像在描图纸上的像的亮度。

❹ 用相同方法将有小孔的光圈卡片插入沟槽内，并观察成像在描图纸上的亮度。

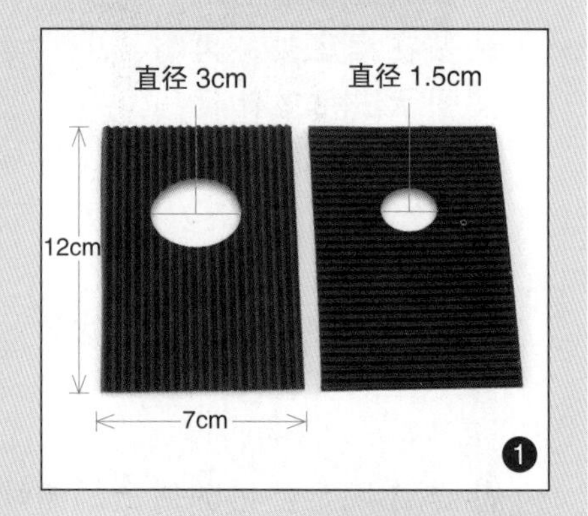

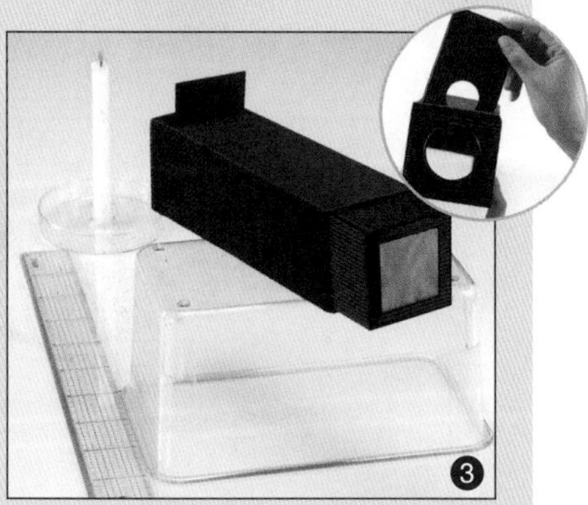

实验结果2

当插入大孔的光圈卡片时，相较于一开始，影像变得较暗淡，插入小孔的光圈卡片时，影像变得更暗淡。

这是什么原理呢?

如实验1所示，之所以呈现上下左右方向颠倒的像，是因为从烛头发出的光线穿过凸透镜时产生了折射，这就等同于我们的眼睛看物体的原理。其中，使光线产生折射的凸透镜相当于晶状体，成像的描图纸相当于视网膜。也就是说，进入眼睛的光线在晶状体上发生折射，使物体以倒像方式成像于视网膜。当视觉细胞将这个倒像通过视神经传送至大脑时，大脑便会对物体的信息进行分析与修正，进而能够辨识物体的原貌。

如实验2所示，像的亮度之所以会改变，是因为透光量因两张卡片的圆孔大小而有所不同。用来调整透光量的光圈相当于眼睛的瞳孔，而瞳孔开大肌在黑暗的地方会收缩，使瞳孔放大，让较多的光线进入眼睛；在明亮的地方则是通过瞳孔括约肌的收缩来缩小瞳孔，使较少的光线进入眼睛。

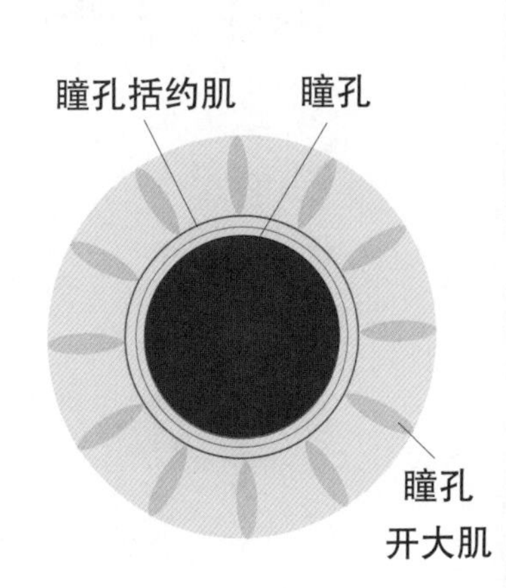

第六部

前往科学夏令营！

急诊室
呼……
呼……
拜……
拜托……
呼……
呼……
小宇……
唰唰唰
摇晃
拜托你醒一醒！

老师！
嚓

急诊室
诊疗室
您不要紧吧？
啊！
呼……
呼……
您先坐下来吧！

我去帮您倒一杯水……
呼
呼
呼
啊，我……

你在这里照顾一下老师……
我去好了！
诊疗室
嗒
嗯！

嗒
嗒
不……
不会有事的。
咔啦啦

咚
因为小宇是……
一个……
咔嗒

坚强的人……

他……
递

呼……
来，心怡！
喝一口吧！
呼
呼……
商店
急诊室
小宇……
他……
滑落……
吉唧
哐……

心怡！
滚滚滚
就如你所说的，
实验真的好好玩哦！
不会有问题的，
因为有你在嘛！
心怡是
天使！
等等我！
心怡，
你没事吧？
心怡！
心怡……
你真的不知情吗？
大脑便会自动
进行解读。
看到你，我便
想起了蓝鲸。

我喜欢的人……
所以你的心
还未定……
怦怦
始终如一……
怦……
怦
不，我的心
已定！就如你
所知道的……
怦怦……

怦怦……
就只有心怡一个人!
怦啊啊啊啊
啊……
其实我听到了那天的对话内容!
而我只是当作没有听到罢了……啊啊……
啊啊……

小宇，你真坏！
小宇，是你误会了！
该说对不起的人其实是我。
原来真正的坏蛋……
你真的很爱
管闲事……
啊？
唰
是我！

←商店
急诊室→
啊！你在这里啊……
嗒嗒嗒
颤抖
颤抖
呼嗒嗒
心怡！你怎么啦？
颤抖
颤抖
我……我……
好怕小宇从此醒不过来……
我……
我……
好害怕……
啊……
你放心……
他一定会醒过来的！
你就别哭了……

我有一句话一定要
告诉小宇。
我一定要
跟他……
说……
对不起！
点头

你放心，他为了
听你这一句话，
也一定会醒过来的。
所以你也要振作一点
儿……

嗯……
好……

范小宇同学
的监护人！
紧张

起身
我……我就是
范小宇的监护人！
小宇他没事吧？

嗯……
您说他吸入了乙醚，
是吗？

是！就在
实验过程中，
暴露在乙醚中
约 25 分钟。
虽然微量，不过却
是在近距离吸入的。

我们根本没有想到
那会是乙醚，
所以才会发生这种
不幸的事……
嗯，我了解了。

是。
根据检查结果显示，应该是吸入乙醚所导致的短暂昏迷。
不过属于微量，所以应该不会有什么大碍。
嗒嗒嗒
沙沙
慢……
转身
慢着！
抓

你怎么可以说得如此轻松呢？
不会有大碍？
患者可是一个小孩子！
乙醚可是一种会造成昏迷的危险物质啊！

要是不赶紧处理的话，真的会出人命……！
拜托您镇静一点儿。
患者已经清醒了。
顿住
清……清醒了？
室
是，我也已经跟他谈过了。不过他现在又睡着了。
推开
啊……
范小宇！
小宇！
再观察一天之后，如果没事的话，应该就可以出院了。
嘟噜噜
嘟噜
嘟噜噜

他已经没事了吗？
安静。
小宇！
嘟噜
嘟噜噜

跌坐
双手颤抖……
啊啊……
小宇……
全身颤抖……

老师！
啊呵呵呵……
颤抖
颤抖
颤抖
请您救救我！
……
柯有学老师！
咔嚓
哼……
颤抖
颤抖
啊……
颤抖
呼……

每个人都有适应
环境的能力。
不过，
柯有学老师！
呼……
当一个人受到刺激时，
一开始会做出强烈的反应，
看来你似乎还没有
完全适应呀！
首次失利
接连失利
啊？我们学校
拿最后一名？
又是最后
一名。
气得跳脚 麻木……
颤抖
颤抖
颤抖
但同样的刺激接二连
三发生时，就会逐渐
变得麻木！

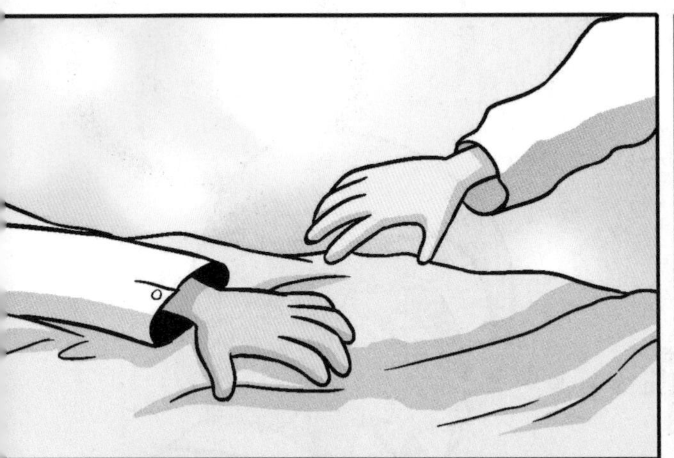

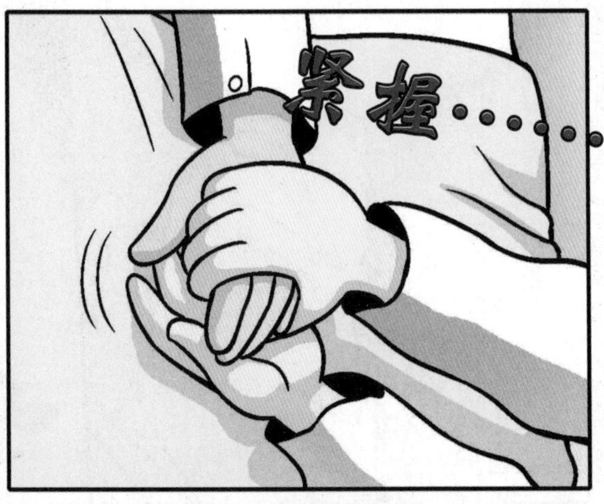
紧握……

小宇……
你没事我就放心了……

呆笑
嘿嘿！
嘿……

瞧这小子的笑容，
应该是没事了。
哈
哈
哈
嗯！他好像
在做梦呢！
嘿嘿嘿
我听到心怡的
声音了……
小宇，我们快点儿
来做实验吧！
要是没有了你，
我们实验社就再
也没搞头了呢！
赶快过
来啊！
哼……
少了一个傻蛋，
还真是不太适
应呢！
啊，这种滋味！

抽动
小宇……
紧握……
抽动
是谁呢？有人正紧握着我的手……
但是身体却不听使唤……
我认识的小宇是一个男人中的男人，一定不会有事的。
睁眼
而且为了小宇，
我已经念过咒语了。
所以再过不久……
他一定会醒过来的！
啾
啾
啾
啊……

这……
这里是？
我……
我是谁？
我在做梦吗？
啊，对了！
呼呼
我是大名鼎鼎的
科学实验王
范小宇！
起身
我怎么会在
这里……
嗒
啊？
哇！
这……这是？
怦怦！

啾
啾
啾

这应该是头一次只有我们两个人做实验吧？
嗯，对呀！
啊，你知道吗？听说小宇整天都在昏睡呢！

不过只要一到吃饭时间，他就会自动清醒，吃完后就又开始昏睡。
……

呼，果然是小宇的作风。

呃，那是？
两天一夜科学夏令营

终于要上路了，两天一夜的科学夏令营……
两天一夜科学夏令营
嗯，
小宇一定会很失望吧……
嘻嘻
这样也好，要是被小宇看到的话，他一定会吵着要去的。
两天一夜科学夏令营
咚！
你错了！我可是已经变了！
啊！
嗯？

请大家忘了过去的范小宇吧！
我范小宇已经获得重生了！
砰
砰
砰
小宇！
你……
你真的是小宇吗？
那又是什么鬼发型啊？
很像从动物园逃出来的黑猩猩呢！
我差点儿就认不出来了呢……
什么？你这对时尚毫无概念的家伙！
自从剪掉头发之后，
因为比较通风的关系，
我的大脑也变得非常灵活呢！
呜呜……

嗯哼
我问你们，
你们想到那天三个实验的主题了吗？
啊？
实验主题？
对啊……
我也忘了有这件事了！
嘿嘿
我早就料到了！
拍打
我剪掉头发之后，
就马上想到了！
老师，我想到的主题是这一个！
有刺激就会有反应！

首先，我的实验是一种
通过碘化钾遇上硝酸铅试剂时所产生的“刺激”，
使其发生化学变化，进而制造出沉淀物的“反应”。
滴
滴
硝酸铅试剂
碘化钾
黄色沉淀物
而心怡的实验，是镁带受到热的“刺激”后，产生了燃烧“反应”，
燃
烧
镁带
火苗
哗啊
啊
声音实验则是同时通过声音和光的“刺激”，使耳朵和眼睛产生“反应”，进而能够听到并且看到。
叮
最后一个，通过乙醚的“刺激”，神经系统被麻痹，这也是一种“反应”！
乙醚
所以主题是“刺激与反应”。
就像万事皆有其原因和结果一样！
嘿……
还有一项！
就是物质静止不动时，就不会产生任何反应。

但是一旦相遇后，
彼此引起“反应”的话，
终究会改变。
就像人与人之间
的关系那样。
这个主题……
真是棒极了。
嘿嘿……
哇，真没想到换了一个发型之后，
果然变成了一个焕然一新的
范小宇呢！
指
两天一夜科学夏令营
当然啊！
我已经根本不在乎
科学夏令营了！
呼呼呼呼……
因为我可是变成
了一个具有完美
人格的
真正的天才。
两天一夜科学夏令营

第二天上午
啾
啾
啾
啜泣
啜泣
啜泣
呜呜呜！
两天一夜科学夏令营

去不了夏令营的家伙，干吗跑来这里凑热闹呢？
啦啦啦啦
我也要去！
镇定点儿！
科学夏令营
出发 10:00

我恨死江士元了！我真的无法原谅这个臭家伙的罪过！
咚咚咚

哈哈哈
我要判江士元的罪！
从此不得接近心怡身边 10 米以内！
我就说嘛，还是老样子！
小宇，别闹了，我们还要赶去练习室！

你们先去吧，
我想看清楚那些
家伙的面孔！
就座

哼！这一群太阳小学
的家伙，走着瞧吧！
两天一夜科学夏令营

那又是
什么？
竟然还有人搭着名车
过来？了不起啊！

砰
我提就好了。
咚
好，要保
重哟！
……！
他该不
会……？

擦擦
噗
噗
噗
噗
呼
我是还没有
完全清醒吗？
不然怎么会
看到鬼影呢？
你在干吗？
赶快去准备啊！
惊吓
啊！
真的是你？
喂，江士元！
这些背包是干吗用的？
你该不会打算一个人
偷偷跑去参加
夏令营吧？
士元！
吵死人了。
昨晚我已经跟老师
报备过了。
嚓
嚓嚓

没错，这些是
昨晚我临时准备的，
报名申请表也已经填好了！
真的吗？
那我们也可以……
参加夏令营了吗？
啪！
锵
哦哦哦！
这……这是奇迹！

江士元！你今天
看起来好帅呀！
点头

我警告
你……
逼近
你可别以为你体弱多病，
我就会任你使唤哟！

你就尽情地去做你喜欢做的事情吧！
这么做绝对有益于健康。
呼
医生也说我的病情已经好转了，
所以你就别多虑了吧！
真的吗？
颤抖……
颤抖
抓！
我们也出发！
全部给我闪开！黎明小学要出征了！
等等我！
两天一夜科学夏令营
嗒嗒嗒嗒

闪闪
小宇，跑慢
一点儿。
嗒
呃？
嗒
嗒
嗒

一闪

你那个该
不会是……
嗯？

对吧？那是你梦寐
以求的瑞士刀！
呜！
嘘！
你妈真的买
给你啦？
你未免太不了解
我老妈了，
就算再等一万年，
也是不可能的。
呵呵

这可是秘密哟！
这是昨晚我在医院时，
某人偷偷送过来
给我的！
某人？
吓！
究竟是什么人
送了这么昂贵
的东西？

你忘了吗？
你真的没有收过
生日礼物吗？
嗯！一次
也没有！
当我说到这辈子
没有收过生日礼物时，
心怡的那个表情！

我有一句
话一定要
告诉小宇。
就是跟他
说对不
起……
那么……
是心怡？
啊！我想起来了，
她在医院提过一定
要告诉你一件事……

嗯，我百分之百
确定是心怡！她一定
是不想让别人知道，
所以我也打算装作
若无其事。
呼呼呼……
不过……

心怡怎么会知道你想买
这把瑞士刀的事情呢？
窃窃私语
老师，
我会注意
安全的。
点头

我想……

心怡应该是天使
的化身吧？

你难道看不出来吗？
总之，我还
真羡慕你呢！
感觉如何啊？
跨步向前

你想知道我现在的感觉是不是？
晋级决赛
黎明小学
晋级实验大赛的决赛，
加上心怡的礼物！
我此刻的心情呢……
再加上夏令营！
只有一句话可以形容！

小宇，祝你一路顺风。
哼，臭小子！
我们又见面啦！
哼……
……
哈哈哈哈
们怎么又
现了呢？
死人了！
就是超级幸福！
科学实验王 18《植物的器官》即将发行，敬请期待！

刺激与反应

所谓刺激，是指能被生物体或其组织细胞觉察到的内外环境改变。所有生物对于刺激都会产生反应且采取行动。在我们的身体中，接受刺激的器官称为“感官”。其中，眼睛、耳朵、鼻子、舌头、皮肤等感官，分别主要负责接受光、声音、气味、味道、触觉等刺激。

眼睛的构造与功能

眼睛是用来接受光刺激的器官，呈直径约2.5厘米的圆球状。光线穿透角膜时，便会通过晶状体产生折射，并以倒像的方式将物体的形状在视网膜上成像，通过刺激视杆细胞和视锥细胞，由视神经将信息传送到大脑。

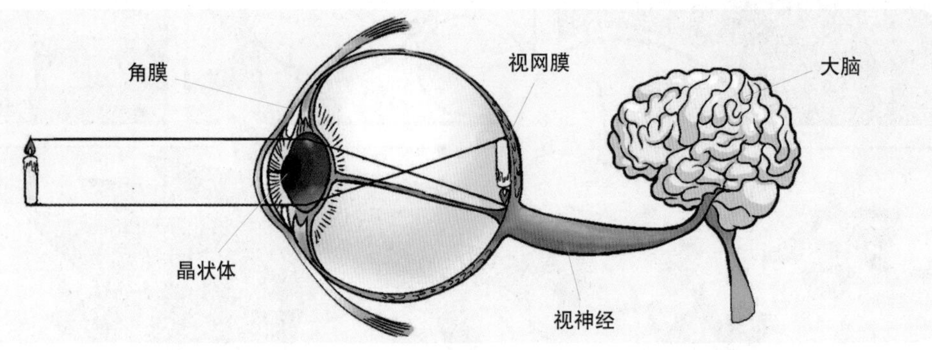

眼睛的构造与视觉的形成

耳朵的构造与功能

耳朵是用来接受声音刺激的器官，大致分为外耳、中耳及内耳。声音经过外耳和中耳的鼓膜与听小骨，抵达内耳的耳蜗后，便会刺激位于其中的毛细胞，接着由听神经发出电位信号，让大脑辨识声音。

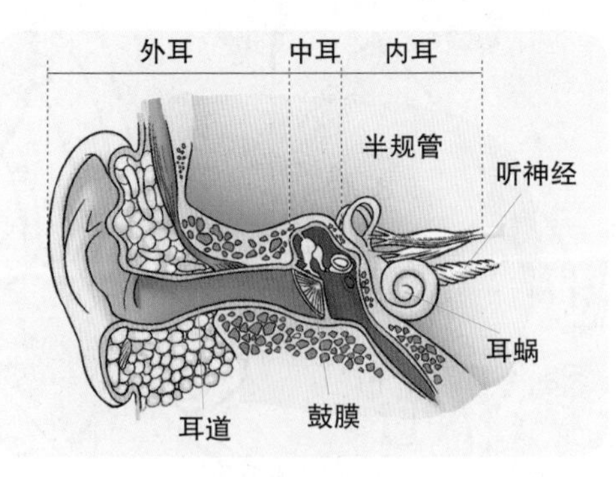

耳朵的构造

耳朵还扮演着维持身体平衡的重要角色，位于内耳的前庭和半规管就负责维持平衡。

鼻子的构造与功能

除呼吸外，鼻子还用来感受空气中的各种气味。这样的感觉称为“嗅觉”。鼻子内部聚集着接受气味刺激的嗅细胞，当气态的化学物质刺激嗅细胞时，嗅神经就会将气味的感觉传送至大脑，让我们感受到气味。

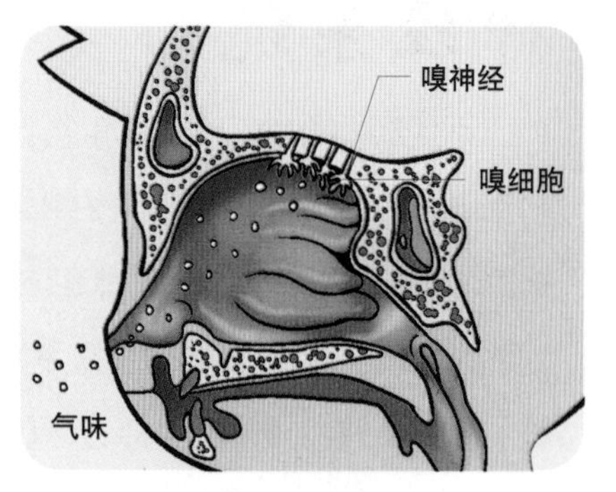

鼻子的构造

舌头的构造与功能

舌头是感受存在于食物中的化学物质的刺激的器官。这样的感觉称为“味觉”。舌头的表面有称为舌乳头的小型突起物，当液态的物质或被唾液溶解、分解的物质刺激舌乳头表面的味蕾时，受到刺激的味觉细胞便会通过感觉神经，将信号传送至大脑，让我们感受到味道。

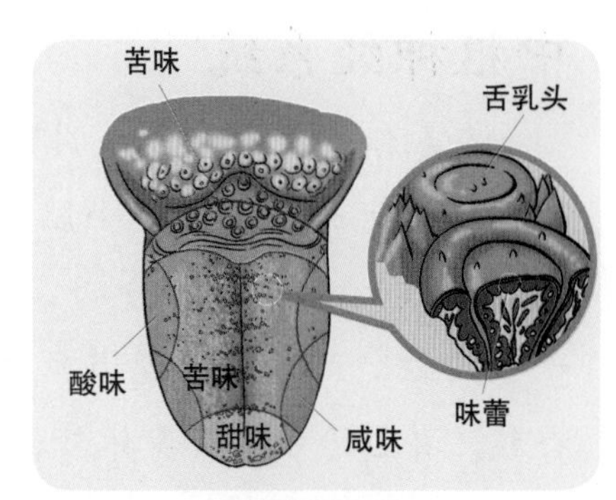

舌头的构造

除了我们可以感受到的甜味、咸味、酸味、苦味外，食物的温度和质感、气味等也都是影响味道的主要因素。（注：辣是热觉、味觉和痛觉的混合）

皮肤的构造与功能

皮肤是人体最大的器官，主要承担着保护身体、排汗、感觉冷热和压力等功能，主要由表皮、真皮和皮下组织构成。当皮肤受到刺激时，由感觉受器将信息通过感觉神经传送至大脑。

皮肤的感受器主要分为触觉感受器、冷觉感受器、热觉感受器、痛觉感受器、压觉感受器等。

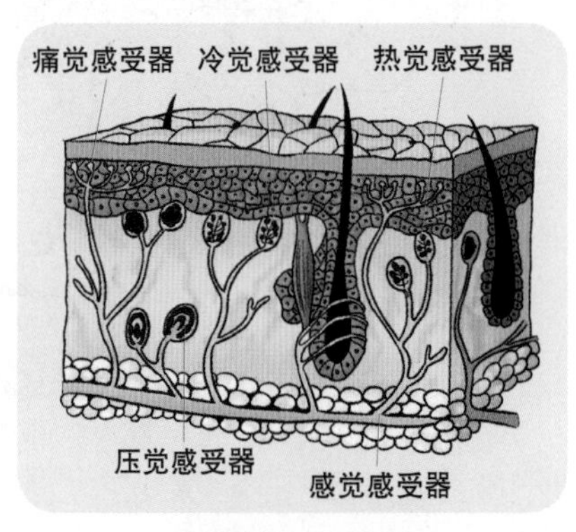

皮肤的内部构造

神经系统

神经系统所扮演的角色，是连接、调节各组织与器官，以对外部环境或刺激进行适当的反应。神经系统的基本单位是分布在全身的神经元。神经元一旦受到刺激便会产生神经冲动，进而将该信息传送至其他神经元。

神经系统分中枢神经系统及周围神经系统。中枢神经系统包括脑和脊髓，周围神经系统包括分布于全身的神经，它们负责将全身的信息传达到中枢神经系统，并将中枢神经系统的命令传达给各个器官。

中枢神经系统

在人体内负责整合、调节所有行动的中枢神经系统，由脑和脊髓组成。其中，脑可分为大脑、小脑、间脑、脑干（中脑、脑桥、延髓），脑的作用是通过对刺激进行分析，决定身体的反应。而在人体内扮演着脑和躯干、内脏之间的联系通道角色的脊髓，则被脊椎骨所包覆，脊椎骨构成了脊柱。脊柱除了支撑身体外，同时也扮演着支撑保护脊髓的角色。

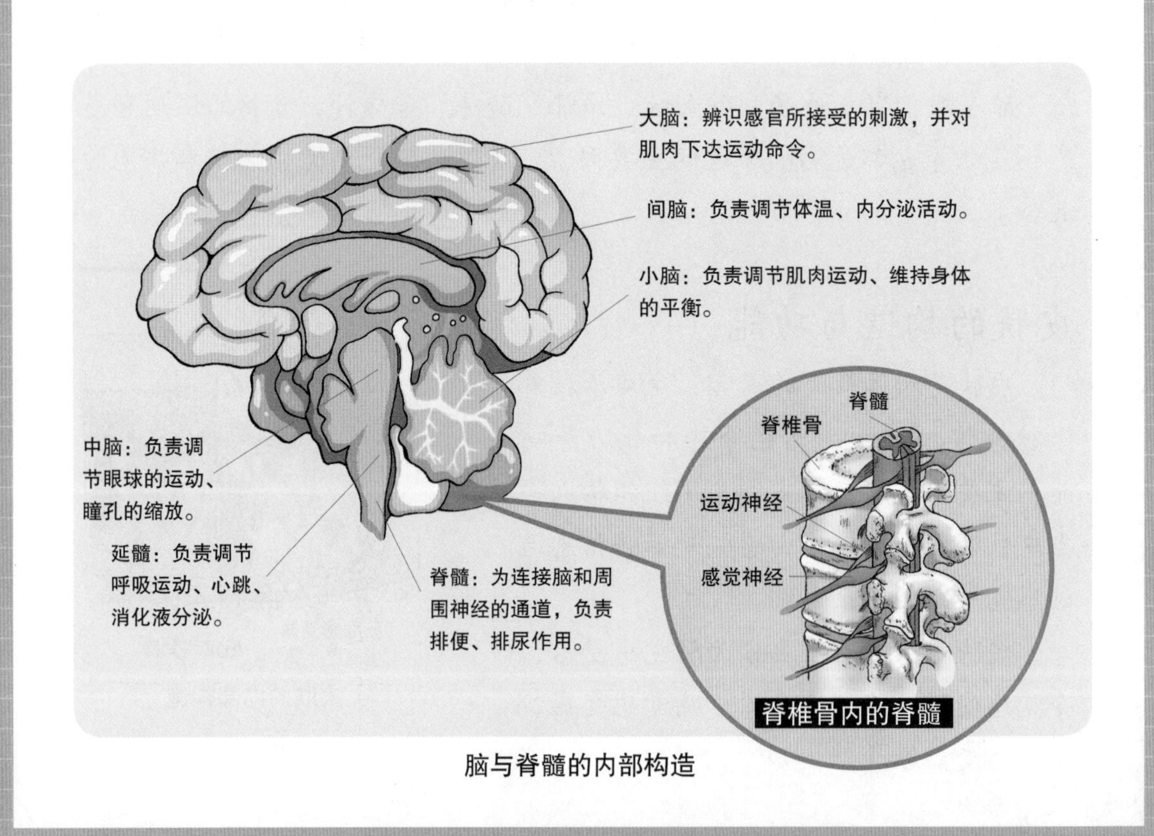

脑与脊髓的内部构造

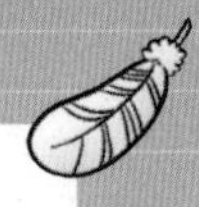

周围神经系统

周围神经系统是脑和脊髓之外的神经系统。包括脑神经、脊神经和自主神经。一端与脑或脊髓相连，另一端通过各种末梢装置与机体其他器官、系统相联系，支配运动、感觉和自主神经活动。

自主神经系统分成“交感神经系统”和“副交感神经系统”，负责心跳、血压、消化、呼吸、汗水分泌等无意识的身体活动，会被外在环境及自身感官影响，不是意志力能控制的，当身体感受到实际的需求时，就会及时做出适当的反应。交感神经系统和副交感神经系统对同一器官的作用通常是拮抗的，但在整体内两类神经的活动是对立统一、互相协调的。

	心跳	瞳孔	消化液分泌	呼吸	血管	膀胱	末端分泌物
交感神经	促进	扩大	抑制	促进	收缩	扩张	肾上腺素
副交感神经	抑制	缩小	促进	抑制	扩张	收缩	乙酰胆碱

刺激神经系统的药物

中枢神经刺激剂包括：含有咖啡因成分的可乐或咖啡、含有尼古丁的香烟，以及可柯碱等毒品。其中，咖啡因是一种兴奋剂，主要刺激交感神经，一旦摄取过量，就会引发心跳加快、呼吸急促、双手颤抖等症状。

中枢神经抑制剂包括：安眠药、镇静剂、吗啡与海洛因等毒品。摄入酒精等也被列入其中。由于这一类的药物会抑制脑神经和中枢神经的功能，所以一旦摄取过量，就会降低身体调节的能力，严重者甚至会陷入昏迷状态。

图书在版编目（CIP）数据

刺激与反应/韩国小熊工作室著；（韩）弘钟贤绘；徐月珠译．—南昌：二十一世纪出版社集团，2018.11(2024.10重印)

（我的第一本科学漫画书．科学实验王：升级版；17）

ISBN 978-7-5568-3833-2

Ⅰ．①刺… Ⅱ．①韩… ②弘… ③徐… Ⅲ．①心理应激—少儿读物 Ⅳ．①B845-49

中国版本图书馆CIP数据核字(2018)第234073号

我的第一本科学漫画书
科学实验王升级版⑰刺激与反应　[韩]小熊工作室/著　[韩]弘钟贤/绘　徐月珠/译

责任编辑	杨　华
特约编辑	任　凭
排版制作	北京索彼文化传播中心
出版发行	二十一世纪出版社集团（江西省南昌市子安路75号　330025） www.21cccc.com（网址）　cc21@163.net（邮箱）
出 版 人	刘凯军
经　　销	全国各地书店
印　　刷	江西千叶彩印有限公司
版　　次	2018年11月第1版
印　　次	2024年10月第9次印刷
印　　数	61001～66000册
开　　本	787 mm×1060 mm 1/16
印　　张	13.25
书　　号	ISBN 978-7-5568-3833-2
定　　价	35.00元

赣版权登字-04-2018-415

购买本社图书，如有问题请联系我们：扫描封底二维码进入官方服务号。服务电话：010-64462163（工作时间可拨打）；服务邮箱：21sjcbs@21cccc.com。